给企业一个
舍不得你的理由

林伟宸◎编著

|修订版|

企业培训类
畅销书

中国华侨出版社

图书在版编目(CIP)数据

给企业一个舍不得你的理由 / 林伟宸编著.—北京：中国华侨出版社，2012.6（2015.7 重印）

ISBN 978-7-5113-2366-8-01

Ⅰ.①给… Ⅱ.①林… Ⅲ.①成功心理-通俗读物
Ⅳ.①B848.4-49

中国版本图书馆 CIP 数据核字（2012）第 086758 号

给企业一个舍不得你的理由

编　　著 / 林伟宸
责任编辑 / 付艳杰
责任校对 / 高晓华
经　　销 / 新华书店
开　　本 / 787×1092 毫米　1/16 开　印张/16　字数/270 千字
印　　刷 / 北京建泰印刷有限公司
版　　次 / 2012 年 6 月第 1 版　2015 年 7 月第 2 次印刷
书　　号 / ISBN 978-7-5113-2366-8-01
定　　价 / 29.00 元

中国华侨出版社　北京市朝阳区静安里 26 号通成达大厦 3 层　邮编：100028
法律顾问：陈鹰律师事务所
编辑部：(010)64443056　　64443979
发行部：(010)64443051　　传真：(010)64439708
网址：www.oveaschin.com
E-mail：oveaschin@sina.com

前言 QIANYAN

给企业一个舍不得自己的理由有很多,比如:企业待遇好、工作环境佳、弹性工作时间、人缘好等等,其中的任何一个理由都能让我们尽心尽力的为企业服务,当我们把这些优点列举出来后,是否也会站在企业的角度上想一想,我们给企业的印象如何?企业会把我们当成未来培养的目标吗?怎么样才能给企业一个相信自己、栽培自己的好印象?

企业是一个创造利润的团队,虽然我们每个人的职位不一样,但是每个人对企业来说,创造的职位价值都是相同的,只有当我们领悟这些道理并体现出职位价值后,才能算的上是一个好员工,一个让企业信任、放心的好员工。

很多人在工作中不服从命令、消极对待,甚至有些员工将自己的利益建立在企业的利益之上。轻者降低工作效率,让企业内部不和谐,重者会给企业带来经济和名誉上的损失。如果我们不能给企业创造利润和价值,反而给企业带来不利因素,那么企业为什么要留下我们呢?

企业可以另寻贤人,而我们也将失业。与其等待企业将我们辞退,不如从现在开始将工作做到最好,让自己成为企业中的辉煌的明星,成为企业的顶梁柱。

人才是源源不断的资源,我们在人海中也是不起眼的一滴水。如果想要成为其中耀眼的一颗,从现在开始,完善自身各方面的能力,让自己在企业中从不起眼的一员成为一匹黑马,成为企业中最耀眼的一匹黑马。

在任何一家企业工作都是一样,没有奉献精神永远得不到信任,只有全心地奉献了,才会换来回报。这便是企业舍不得你的理由。试着扪心自问,你奉献了吗?

本书从敬业、忠诚、责任、创新、执行力、效率、合作、积极、竞争力、感恩等方面全面阐释,教你如何全面的完善自己,让你成为企业求之不得的好员工。

目录 MULU

第1个理由
敬业的员工才能发挥工作的精神

现代管理学普遍认为,企业和员工是一对矛盾的统一体,从表面上看起来,彼此之间存在着对立性——企业希望减少人员开支,而员工希望获得更多的报酬。但是,在更高的层面上,两者又是和谐统一的——企业需要敬业和有能力的员工,业务才能进行。

敬业是职场中最应值得重视的美德。只有所有的员工敬业,才能发挥出团队的力量,才能推动企业走向成功。

敬职敬业,不做得过且过的员工 ……………………………	2
"敬业"重要,"精业"更需要 ……………………………	5
"执事敬",态度决定成功 ……………………………	8
全身心投入,为工作奉献自己 ……………………………	11
从经济上为企业考虑利益 ……………………………	13
敬业同样要做到善始善终 ……………………………	15
工作100分是每一个职业人的追求 ……………………………	17
敬业的最大好处是自身受益 ……………………………	20

给企业一个
舍不得你的理由

第❷个理由
忠诚的员工是企业安全的保护伞

忠诚反映了员工对待人生和事业的态度,既忠于企业又忠于自己的员工才是体现最大价值的员工。成功是从小事积累起来的,员工应珍惜现在的工作,牢牢地抓住工作中每一个细小的机会。这样,自己的成功就会在不知不觉中到来。

企业制度就是工作准则 ………………………………………… **26**
做好工作中的每一件事 ………………………………………… **28**
保守企业机密 …………………………………………………… **30**
任人唯贤而不任人唯亲 ………………………………………… **33**
要忠诚,不要愚忠 ……………………………………………… **36**
与企业一起渡过难关 …………………………………………… **39**
对任何工作都要忠于职守 ……………………………………… **41**
忠诚建立在服从的基础之上 …………………………………… **43**
业绩是忠诚最好的证明 ………………………………………… **46**

第❸个理由
责任感让企业知道了员工的重要性

人们能够做出不同寻常的成绩,是因为他们首先要对自己负责。没有责任感的员工不是优秀的员工,要将责任根植于心,让它成为我们脑海中一种强烈的意识,在日常工作中,这种责任意识会让我们表现得更卓越。

职位越高、权力越大,其所肩负的责任就越重。责任感是无价的,责任意识会让我们表现得更加卓越。

你的工作就是你的责任 ………………………………………… **50**

负责从脚踏实地开始 ……………………………………… 54
推卸责任是职业人的大忌 ……………………………… 57
别让抱怨掩埋了责任 …………………………………… 60
不找借口,用方法解决问题 …………………………… 63
有些事不必等领导交代 ………………………………… 66
责任心决定着你的成就 ………………………………… 69
客户眼中的小事是员工心中的大事 …………………… 72

第4个理由
创新的员工是企业发展的动力

　　职场内,有创意、敢创新是一项市场竞争力,不少企业正走向创意工作的模式,不过员工如何培养职场的创新力呢?

　　一般人对于新的事物都会产生不熟悉的恐惧感,虽然人人都说欢迎变革,但前提竟然是不要改变自己,因为员工们适应了目前企业的状况,习惯了舒适的环境,就比较难有创新力。

　　创新的动力来自企业的文化及机制,而企业内的创新文化直接受到企业领导的影响。

打破惯性思维,适应自我发展 ………………………… 78
渴望成功,你便会成功 ………………………………… 82
创新是一种积极的思想 ………………………………… 85
换个角度,发现不一样的自己 ………………………… 89
创新源于细节之中 ……………………………………… 92
创新性学习,增强生存能力 …………………………… 94
有自己的特色,走不寻常路 …………………………… 97

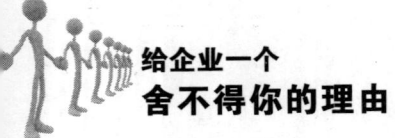

第 5 个理由
执行力强的员工让企业进步更迅速

有人曾问:"在自然界,谁的力气最大?"有人说是大象,也有人说是鲸。其实,力气最大的是蚂蚁,它可以举起相当于它体重13倍的东西,超越自己。

在执行力上,我们每一个人都不能安于现状、故步自封,攀登的路上没有终点,只有永不止步,才能保持领先,执行力永远没有最好,我们一定要要求自己做到更好,不断超越自己,做得更好。

不要抱侥幸心理,工作是干出来的 …………………………… 102
企业需要百分百的执行力 …………………………………… 105
面对问题,第一时间解决它 ………………………………… 108
拥有战略,不如拥有执行力 ………………………………… 111
最后的执行力度决定着全局 ………………………………… 114
把简单的事做到不简单 ……………………………………… 118
朝着结果努力,不要瞎忙活 ………………………………… 120
把领导的想法变成现实 ……………………………………… 123

第 6 个理由
有效率的员工让结果变成成果

为什么你要一天才能完成,而别人只需半天甚至一个小时就能完成工作呢?为什么你感觉天天都在忙碌,却似乎没有任何成果?

在工作中,这些问题也许总是困扰着你,如果你总是效率低下,还会影响到自己的工作业绩,所以,提高工作效率是一个需要刻不容缓解决的问题。提高工作效率需要不断进行体会、思考和交流,如果发现自己在工作中存在的降低工作效率的行为,就要立刻加以改进。

找对方向,才能避免瞎忙活 …………………………… *128*

让合理的计划提高工作效率 …………………………… *131*

专注工作才能出好成绩 ………………………………… *133*

用80%的时间做20%的事 ……………………………… *136*

拖延行为让成功变为失败 ……………………………… *138*

一次性把问题都解决 …………………………………… *142*

做事要一鼓作气势如虎 ………………………………… *146*

每一分钟都是有价值的生命 …………………………… *148*

珍惜时间利用率可以提高效率 ………………………… *151*

第7个理由
懂合作的员工是企业团结的灵魂

　　团队精神是企业的灵魂。一个群体不能形成团队,就是一盘散沙;一个团队没有共同的价值观,就不会有统一意志、统一行动,当然就不会有战斗力;一个企业没有灵魂,就不会具有生命的活力。

　　培育企业的凝聚力,除了其他条件外,良好的团队精神就成为一面旗帜,它召唤着所有认同该企业团队精神的人,自愿聚集到这面旗帜下,为实现企业和个人的目标而奋斗。

团队精神是企业的灵魂 …………………………………… *156*

在合作中实现你的目标 …………………………………… *159*

团结是1+1>2的执行力 …………………………………… *162*

懂得分享是共赢的好办法 ………………………………… *165*

融入团队才能创造价值 …………………………………… *168*

没有完美的个人,只有完美的团队 ……………………… *172*

让企业内部沟通流畅起来 ………………………………… *174*

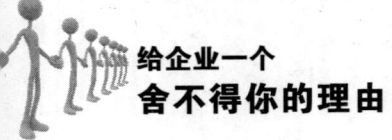

给企业一个
舍不得你的理由

第8个理由
积极的员工让企业的产能与产出平衡

想要工作带给你的产能与产出平衡,主动精神实在不可缺少。任何习惯都是以积极主动为后盾,每个习惯都仰赖你积极主动的态度,如果你消极等待,就会受制于人,一旦受制于人,发展与机会便不会降临。

积极主动的态度是成功的关键。积极主动的人,心中自有一片天地。客观条件的变化不会对人的追求发生太大的作用,自身的原则、价值观才是关键。

勤奋是通往荣誉的必经之路 …………………………… **178**
主动加快追寻成功的步伐 …………………………… **180**
解决问题要跑赢时间 …………………………… **183**
主动行动,才能创造机会 …………………………… **186**
人生是一个不断进步的过程 …………………………… **189**
突破心中默认的"人生高度" …………………………… **191**
持之以恒的进步换来卓越 …………………………… **194**
学习领导的与众不同之处 …………………………… **196**

第9个理由
竞争力强的员工更容易获得机遇

竞争力是参与者双方或多方在角逐或比较中所体现出来的综合能力。它是一种相对指标,必须通过竞争才能表现出来。

在职业生涯中,我们应首先明白自己的优势,并以这些优势来形成自己的核心竞争力。要清楚地了解,自己到底有什么是能让朋友、同事、上级领导及周边的人值得称道的东西,而这些"东西"就是你的财富,就是你的核心竞争力。核心竞争力如同一把锋利的刀,利用好它便可以相对轻松地获得机遇。

怀才不遇的类型分析 …… 200
职场生存之九大核心竞争力 …… 202
学会"竞走",不再枯燥地工作 …… 206
让"硬实力"与"软实力"结合 …… 209
顾全大局,提高自身素质 …… 211
最优秀的员工要身心并进 …… 213
积极主动向周围人学习 …… 215

第⑩个理由
感恩是每个员工对企业的一种使命

感恩是一种美德,是一种态度,是一种信念,是一种情怀,同时也是人生的一种使命。

企业的发展和兴衰,靠的是每一位员工高度的执行力、忠诚度和真诚的感恩情怀。感恩是生命中最珍贵的礼物。感恩,唤醒了内心的驱动力,孕育了敬业精神,工作中任何时刻都应怀着一颗感恩的心,用爱心对待每个人,你就能够出色地做好自己的每一件事。

感恩工作中的一切悲欢离合 …… 220
报答工作赐予的恩惠 …… 223
感谢对手鞭策自己进步 …… 226
怀着感恩之心替企业考虑 …… 229
同事之间,多一份感激就多一份力量 …… 232
感恩客户,构建过硬的个人品牌 …… 235
挫折让你完成自我蜕变 …… 237

第①个理由
敬业的员工才能发挥工作的精神

　　现代管理学普遍认为,企业和员工是一对矛盾的统一体,从表面上看起来,彼此之间存在着对立性——企业希望减少人员开支,而员工希望获得更多的报酬。但是,在更高的层面上,两者又是和谐统一的——企业需要敬业和有能力的员工,业务才能进行。

　　敬业是职场中最应值得重视的美德。只有所有的员工敬业,才能发挥出团队的力量,才能推动企业走向成功。

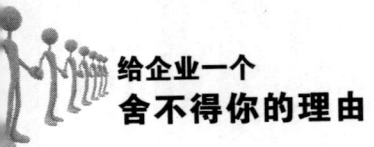

◆敬职敬业，不做得过且过的员工

通用电气公司 CEO 杰克·韦尔奇说："任何一家想靠竞争取胜的企业必须使每个员工做到敬业。"

忠于职守、尽职尽责、认真负责、一丝不苟、一心一意、任劳任怨、精益求精、善始善终等是每一名员工应具备的起码的工作态度。一个人无论从事何种职业，无论在什么工作岗位上，都应该敬重自己的工作，唯有如此，才能得到企业的倾力扶持，成为一位有成就的职业人。

许多员工在工作中把个人利益与企业的利益分得一清二楚，工作中表现出一副例行公事的态度，观念中也是一份报酬换一份付出。很多人觉得在这个等价交换的社会里，自己为企业提供服务，企业给自己工资，是天经地义。

小 A 从来都是按时上下班，职责之外的事情一概不理，分外之事更不会主动去做。当工作出现琐事烦恼时，小 A 最擅长的自我安慰法是："那么拼命干什么，企业给多少钱干多少活。"当看到同事升职时，小 A 最擅长的自我安慰法是："升职是少数人的事，大部分人还是和我一样。"

每个企业里都有这样的员工，他们对工作并不是尽职尽责，而是抱着"混工资"的态度。尽管看到身边的许多同事都积极上进、努力工作，但他们依然"我行我素，超然物外"。有些员工甚至认为，只要每个月能把工作"混"过去，把工资拿到手，把企业和上司都糊弄了，就是一种本事。

第 1 个理由
敬业的员工才能发挥工作的精神

员工的不敬业体现在以下几方面：

1.推卸责任

遇到问题时总爱推卸责任，出现过失时从不主动承担，常常把责任推到别人身上。

2.拈轻怕重

在完成集体任务时总是拈轻怕重，找轻松的事做，从不吃亏，总想浑水摸鱼、沾光、占便宜。

3.自作聪明

认为多付出是愚笨的表现，聪明人从不做多于报酬的事。

4.想做大事

对琐碎的工作毫无耐心，一心只想做"大事"。

这样不敬业的态度不仅给企业带来了损失，同时也扼杀了自己的责任心和创造力。这些员工时刻提醒自己，企业能为我做什么？我如何做才能使自己的利益最大化？我付出的辛苦与工资成正比吗？这种思想造成了员工本身失去了工作的动力和敬职敬业的精神。另外，有一些员工认为对工作已经投入够多，却得不到相应的回报，于是心有不甘，还不如忙里偷闲，又不会被扣工资或被开除，于是，他有机会就拖延怠工，以免提前完成工作再承接新任务。

张华在华北某化工企业做人力资源主管，负责企业的绩效管理。他每天来企业上班仿佛是人来了心没来，做起事来不是无精打采，就是心不在焉，或者经常拿着个电话说个没完。

每次考核员工绩效时，张华为了图省事方便，总是简单地将考核表发到各部门的负责人手里，待考核结果交上来后，他不管是否属实，粗略做一下统计后就完。

后来，有不少员工去向经理反映绩效考核不切合实际。经过调查后得

给企业一个舍不得你的理由

知,原来有一位部门负责人收受个别员工贿赂谎报了绩效。经理根据企业规定开除了那位负责人,张华自然也挨了处分。

张华原本是某著名大学的人力资源专业的高才生,但是由于他欠缺敬业精神,经理始终没有提拔他,让他一直坐在人力资源主管的位子上。

由于两年之内都得不到嘉奖和升职,张华变本加厉地不敬业,郁闷之余竟然开始在上班时间炒股,结果被发现后遭解雇。

如果员工不珍惜自己的岗位,对工作漫不经心、敷衍了事,抱着"当一天和尚撞一天钟"的想法工作,是不会得到企业嘉奖和升职的,到头来只会一事无成,也会因此而丢掉工作,到时候恐怕会后悔莫及!

那么,如何培养员工的敬职敬业的精神?

第一,珍惜自己的岗位。这种珍惜表现的就是一种敬业精神。因为珍惜岗位的员工,懂得尽职尽责、踏踏实实地工作。企业的发展也需要这样的员工作保障,他们也是企业尽力扶持的对象。

第二,敬重工作的精神。无论工作多么平凡,多么低微,你都应该敬重自己的工作。没有平凡的岗位,只有平庸的员工。岗位再平凡,再低微,只要具有强烈的实干敬业精神,照样能得到企业的重视,得到扶持,获得工作上的成功。

第三,热爱现在的工作。要产生一种一定要完成工作任务的强烈愿望,并且付出再多努力也在所不惜,不抱怨现实的工作条件和遇到的各种困难。

第 1 个理由
敬业的员工才能发挥工作的精神

◆ "敬业"重要,"精业"更需要

企业要在激烈的市场竞争中出精品,职员也要出精品,用糊弄的态度来对待工作等于糊弄自己。对一个领域百分之百的精通比对一百个领域精通百分之一要好得多。一个人无论从事何种职业,都应该把问题弄懂,把技术学精,掌握自己职业领域的所有问题,成为本行业中的行家里手,这是真正意义上的敬业。

"不断追求完美的工作表现"——这是 1914 年 IBM 企业创办时,老托马斯·沃森为企业的所有员工设立的行为准则,受益者称之为"沃森哲学"。

老托马斯·沃森经常告诫自己的员工们:"在工作中追求完美,就算没有做到,也会比按照一般的标准做要好得多。"IBM 企业希望所有人以追求最理想状态的观念去对待每一件事,不管是产品质量,还是服务品质,都要永远追求完美无缺。

小托马斯·沃森对此行为准则也曾表示:"这个信念能够如变魔术一般引起人们对尽善尽美的狂热追求,追求完美的工作表现,一直是我们不断发展进步的一种驱动力。"

今天,"追求完美"已经成为许多企业的工作准则。其实,它更是我们为人处世的一种态度、精神和境界。

"天下大事,必做于细",做好每一件小事并不简单,做好每一个细节就会不断趋向完美的境界。

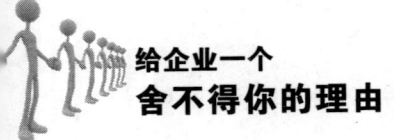

给企业一个舍不得你的理由

李刚刚进入企业,他自认为专业能力很强,对待工作十分随意。一次,上司交给他一项任务——为一家知名的企业做一个广告宣传方案。

李自以为才华横溢,用了一天的时间就把这个方案做完了,交给了上司。他的上司一看不行,又让他重新起草了一份。结果,他又用了两天时间,重新起草了一份,上司看了之后,虽然觉得不是特别完美,却也还能用,就把这个方案呈报给了老板。

第二天,老板把李叫进了办公室。问他:"这是你能做得最好的方案吗?"李一怔,没敢回答。老板轻轻地把方案推给了他,李什么也没说,拿起了方案,折回了自己的办公室。然后,他调整了一下自己的情绪,又修改了一遍,重新交给了老板。领导还是那一句话:"这是你能做得最好的方案吗?"李心中还是忐忑不安,不知道领导葫芦里卖的是什么药。李接过方案,回到办公室。

这一次,他费尽心思,苦思冥想了一个星期,彻底地修改完后交了上去。领导看着李,依然问的是那一句话:"这是你能做的最好的方案吗?"李这次信心百倍地回答说:"是的,我认为这是最好的方案。"

领导说:"好!这个方案被批准通过了。"

经历了这个过程后,李懂得了只有尽职尽责地工作,才能把工作做到尽善尽美。在以后的工作中,他经常提醒自己,专心致志,一定要尽职尽责工作。

然而,在很多企业里,一些人往往喜欢用"还好"、"足够了"等标准衡量自己。结果,由于"地基"没有打牢,计划中的各项细节没有安排妥当,不是半途而废,就是陷入混乱。不久,整个计划便如同一栋不牢固的房屋一样轰然倒塌。

从这个意义上来讲,将细节做得越到位、越完美,企业就越容易脱颖而出。在这个精细化管理的时代,尽善尽美早已成为很多企业追求的目标。

第1个理由
敬业的员工才能发挥工作的精神

皮特曾是某投影仪专卖店的店员,他是一位热爱工作、热情主动的青年人,但一段时间后却被老板开除了。老板的理由是:"你是一位很勤奋努力的员工,但是不够"精业"。

事情是这样的,一天,有一位大客户来店里购买一批最新投影仪。皮特很热情地给顾客介绍各种产品,还现场给客户看了清晰的投影效果,并主动介绍了有关投影仪放置距离等问题。客户感到非常满意。

正要准备购买时,客户问皮特投影仪和影碟机用什么线连。皮特也说不清楚,他不辞辛苦地上网查,无果;去电料行问,没听说;去卖电器的那里,也是没有;去家居建材,还是没有!

就这么几个来回,皮特耽误了客户很多的时间和精力!客户感到有些生气,指责道:"这其实应该是商家应该考虑到的问题,可以为客户解决的,你竟然不知道。"

就这样,到手的买卖泡汤了。老板得知情况后,将皮特开除了。皮特感到万分的委屈,不明白虽然投影仪没有卖出去,但自己跑前跑后地忙碌,没有功劳也有苦劳啊,老板怎么说开除就开除了自己呢?

其实,皮特被开除的原因很简单,就是因为他对投影仪产品的一些基本知识不够专业,没有为客户考虑周全。这种不专业的表现不够敬业,只能是劳而无功,有哪个企业会乐意养一个无功之人呢?

在当前追求效率、讲究效益的年代,只强调敬业而不注重精业的员工是不受任何企业欢迎的。试想,有哪个建筑企业敢拿生命开玩笑,聘用那些技术半生不熟的泥瓦工和木匠建造房屋?有哪个医院敢无视生命危险,令医术不精的外科大夫给病人做手术……

因此,员工必须破除敬业的认识误区,克服那种干工作"没有功劳还有苦劳,没有苦劳还有疲劳"的错误思想,切实把衡量一个人能力强弱和工作好坏的标准定在精通本职工作、精通各项业务上。

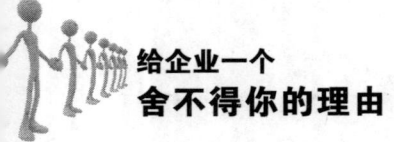

"无论从事什么职业,都应该精通它。"让这句话成为你的座右铭吧!这样,你就能成为企业眼中的敬业好员工,自然不用担心被企业忽略和轻视的危险了,而且获得企业的倾力扶持也是迟早的事。

◆ "执事敬",态度决定成功

"执事敬"出自论语,意思是做事要谨慎认真——处理事务,如果没有"敬"的谨慎认真的态度,往往处理不好本该处理好的事务,必然会产生问题。

"执"为处理,"事"是我们所承担的工作职责,"敬"就是谨慎认真。

原本规划得很好的计划,在执行中却偏移最初的目标。为什么会发生这样的事?又为什么会屡见不鲜?原因就在于:处理事务的人缺乏严肃认真的态度,缺乏"敬"的精神。合格的职业人永远不会放弃"敬"字,他们认为,敬业最重要的表现便是以谨慎认真的态度处理好自己的职责。

许多人完成不了分内的工作,并非缺少能力,而是缺乏足够谨慎和认真。对工作谨慎,就是对企业负责,就是对自己负责;对工作认真,就是为企业谋利,也是为自己创造。一个人的能力再强,如果不愿付出,不能为企业创造价值,那么自己也将失去创造价值的机会。

大学毕业后,余文敏一直没有找到专业对口的工作,后来在朋友的介绍下到一家保险企业当了业务员。刚到企业上班,余文敏就发现企业里大部分人不敬业,对本职工作不谨慎认真。大部分人不是抱怨工作难做、待遇

第1个理由
敬业的员工才能发挥工作的精神

太低,就是请假、工作时间打私人电话……

的确,保险行业是一份让人很头痛、很难做的工作,余文敏的工作开展起来也很困难,第一个月她拿到的是最基本的底薪。虽然最开始很艰辛,但是余文敏时刻告诉自己,要热爱这份工作,并且认真处理工作中的事务并且处理好。

第二个月,余文敏更加认真努力地工作。之后的几个月,余文敏的业绩慢慢地上升。她还利用休息时间在社区里举办了一场场"保险小常识"讲座,免费为社区居民讲解保险方面的常识。

渐渐地,社区居民们对保险产生了兴趣。余文敏接下来的工作进行得顺利多了,业绩突飞猛进,很快便受到经理的重用。时间一长,余文敏成了企业里的"顶梁柱",而其他同事还在原地踏步。

面对工作上的困难,余文敏本着敬重自己工作的精神,没有做任何的退缩或放弃,而是主动一头扎进工作中,更加努力认真地工作。正是因为这种"执事敬"的精神,她做出了不俗的成绩,也最终得到了企业的扶持。

"执事敬"是每个人做事的标准,是为人处世的宝贵品质。谨慎认真,再难的坎儿也能迈过去,再复杂的难题也能解决,再危险的困境也能化险为夷。那么,如何培养自己"执事敬"的态度呢?

首先,要有强烈的兴趣

兴趣作为人的内在激励,更持久、更经济、更有效。如果无法培养兴趣,就没有必要再浪费更多的时间,不如去另外寻找感兴趣的工作。很多人在一个企业待了几年甚至十几年,当别人问他是否爱这份工作时,他的回答只是"养家活口"或者"不干这个干什么"。千万不要抱着这样的态度去工作,这样只会浪费你活着的价值。在这样的态度中工作,你所能做的最大化也只是按时完成上级分配的任务,而不能创造自己的最大价值。

其次,主动解决问题

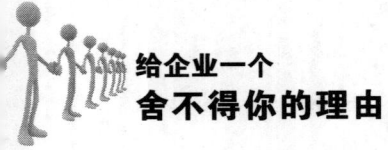

给企业一个
舍不得你的理由

无论我们处于企业的哪个部门或分支,我们都属于同一个团队,为同一家企业服务,所以,我们必须都为企业的整体利益与发展着想,通过部门间的团结协作来解决问题。精诚团结,主动地为团队多想一些、多做一些。只有这样,才能在一步一个脚印中培养出为企业着想的心态。

再次,把企业当成家

职场人士每天在企业的时间甚至比在家里还要长,所以,我们要把企业当成自己的家,不要把企业的事置身度外。不要以"这不在我的职责范围内"、"领导没要求我做"为理由,推卸责任,而应抱着"企业的事就是我的事"的工作理念,为企业发展着想。

最后,提高自身能力

这一点是很多职业人都不能理解的一点。很多人觉得某某员工升职、加薪,是因为某某员工与领导的关系不错,某某员工会拍马屁。当你产生这样的感觉时,说明你想的太狭隘了。企业是以长期发展为目的性的。如果你的自身能力不够,或者你没有长期发展的潜力,企业自然会将注意力从你身上移走,进而关注别人,所以,要时刻提高自身能力,要吸引企业的目光,让它的目光时刻聚集在你的身上。

第1个理由
敬业的员工才能发挥工作的精神

◆全身心投入，为工作奉献自己

"有一分热放一分光"。奉献精神是个人对自己事业的全身心投入和不求回报，在工作的点点滴滴中发现乐趣，寻找乐趣，尽力做好每一件事，真诚善待每一个人，全心全意地为企业工作。在任何企业中，员工必不可少的基本素质就是奉献精神，这种奉献精神为企业注入了新的生命力，也为奉献者带来了丰厚的回报。

在我们身边，有很多人不求回报地为企业和同事默默奉献着：每天早晨到办公室为大家把窗子打开通风，中午主动为大家订餐，晚上下班时检查电源是否关闭……这些看似微不足道的奉献精神，却在企业的运转中起着重要作用。

还有一些奉献精神更多的体现在必要时为工作牺牲。当企业业务繁忙时，主动放弃休息时间，为企业尽一份微薄之力；当个人荣誉和企业荣誉发生冲突时，暂时放下个人得失，尽可能先为企业考虑。

哪怕你很平凡，但具有奉献精神的人永远值得尊敬。这种奉献的精神让企业充满了人情味，散发着和谐的味道。你是愿意在人情味与和谐的企业里生活，还是愿意在死气沉沉、私欲膨胀的企业里生存？答案显而易见。

王明和赵峰是同时进入一家银行做业务员的应届毕业生。他们所处的环境相同，工作相同，但几个月后，他们生活的轨迹却产生了质的区别。

按照当地规定，新人都要在银行下设的小镇分理处进行为期3个月的

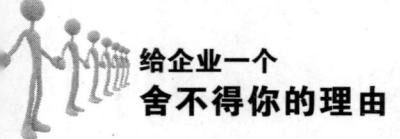

给企业一个舍不得你的理由

实习。分理处是小镇社保中心及各种保险费用的指定领取点，所以前来办理业务的多是老人。因为空间狭窄，分理处只设有3个业务办理窗口，更没有排队叫号机，因此，每天直到下班时间，这里都会滞留许多等待办理业务的人。吵架的事情时常在这里发生，连保安都束手无策。

面对这样的情况，王明想，我只要不在资金上出现大的问题，业务只能是越办越熟练，至于其他，反正也没人知道我的工作情况，我凭什么太用心呢。这种心态让他对工作十分懈怠，每次遇到行动迟缓的老人，他的态度都非常恶劣。

相比之下，赵峰认为，既然选择了服务行业，无论在哪里都应该全心全意地工作。为了缓解秩序紊乱等情况，赵峰每天都提早赶到办理点，和保安一同引导大家按顺序排队。为了提高工作效率，他还自制了可以长时间使用的塑料号牌，请保安每天发放给等待的顾客。为了解决许多老年人因为耳背听不到传声器声音的问题，他自掏腰包买了小喇叭……

3个月后，王明和赵峰同时被调回银行总部。不同的是，赵峰收到了镇里群众送来的锦旗，赵峰也由此得到了重用。

同样的3个月，赵峰的收获远远多于王明，原因何在？虽然二人拥有同样的机会，但因为两人截然不同的工作态度，对奉献精神的不同意识程度，最终结果也不尽相同。在相同的岗位上，面对相同的问题，王明选择了得过且过，而赵峰则从工作本身的服务理念出发，不惜牺牲个人时间及精力，尽职尽责，为大家作贡献，这就是赵峰胜出的关键。赵峰的奉献精神赢得了众人的尊敬。

其实很多时候，"点滴小事"只是举手之劳，但它体现的价值却相当深远。在我们不断地积累过程中，如果能将奉献精神变成一种习惯，那么，我们周身将汇聚起十分巨大的能量，它辐射的范围也将相当广泛。

奉献要从每个细节开始：

第1个理由
　　敬业的员工才能发挥工作的精神

遇到脏活累活时,要有去做的精神;

午休时,把垃圾扔到楼道的垃圾桶里;

利益纷争时,多为企业的发展想一想;

为保证数据的精准度牺牲些休息时间;

到比较艰苦的地方开展工作时,争先报名

……

奉献一次不足以乐道,而奉献几十次,几百次,这种持之以恒的精神却值得每一个职业人学习。

◆从经济上为企业考虑利益

比尔·盖茨说:"能为企业赚钱的人,才是企业最需要的人。"企业是必须获得效益才能维持下去。所以,唯命是从讨领导欢心的时代已经过去,在市场经济条件下,"利润至上"是企业发展的推动力。企业都希望员工头脑中有一个简单却极其重要的观念:尽最大的责任力帮企业赚钱。

最近看某电视台的一个节约用纸的公益广告,有句台词是——双面用,不丢面。这让笔者想起了很多年前服务的一家跨国企业总裁。企业的总裁让秘书公告全企业员工,纸张需要两面用完才能扔掉。

表面上看,总裁很是吝啬,一张纸上都要做文章。总裁解释:"让员工知道这样做可以减少企业支出,相对增加企业利润,极其重要。"

当你有了为企业赚钱和省钱的概念后,你才会将这种理念带入平时的

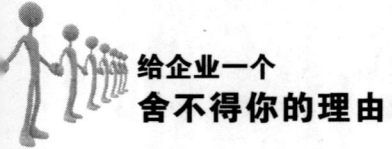

给企业一个舍不得你的理由

工作中,就会很自然地留意到身边的各种机会,并且只要积极行动就会有收获。无论是办公、出差、谈业务、采购,都必须把努力的目标定位在如何为企业赚到钱和节省钱上面,只有帮企业赚钱和省钱了,企业才会记住你,并会让你的付出得到相应的回报。

马尔是一家小家电企业的某地区销售代表,他一直以自己的工作热情引以为豪,他经常告诉老板,他是如何地卖力工作,如何一天跑好几个城市把自己的产品推销出去。可是,他的老板只是点点头,淡淡地表示赞同。

最后,马尔鼓起勇气问:"我的业务是销售小家电,我这么累,每天要跑好几个城市,可是您为什么每次都只是淡淡地表示赞同呢?"

马尔的老板看着他说:"马尔,你把精力放在寻找外地客户身上,而且你每天跑好几个城市,会耗费了公司太多的财力,如果你把眼光放在本地的几个大客户身上。这样会不会更加省钱省力?"

马尔明白了老板的意图,老板要的是能为企业赚大钱的客户,于是他把手中较小的客户交给一位业务员,自己努力去找大客户。最后,他做到了,为企业赚回了比原来多十几倍的利润。

个人的成功是建立在企业的成功之上,离开了企业,员工是不可能获取丰厚的薪酬。企业的成功,也是员工的成功;企业成功了,员工也就必然成功了。双方的关系是"一荣俱荣,一损俱损"。

作为一个经营实体,企业必须靠利润来维持发展。要发展,就需要企业中每个员工贡献自己的才智和力量。企业是员工努力证明自己能力的战场,无论何时何地,如果你没有业绩,迟早会被弃用。

第1个理由
敬业的员工才能发挥工作的精神

◆敬业同样要做到善始善终

做任何事情都要善始善终,敬业也是一样,要贯彻到底,持之以恒。如此不仅有可能赢得企业的倾力扶持,而且保证终生受益。一旦放松自己,前面再怎样敬业也可能会功亏一篑、前功尽弃。

一时的敬业每一位员工都很容易做到,但是要将敬业当做一种习惯,在工作中做到始终如一,坚持到底就很不容易了,这也是难能可贵的。这是一种坚守,如果你在敬业上能这样坚守如一,那么,当你做别的事情时,同样会坚守如一,直到成功。

有个老木工盖了十几年的房子,再有半年就该退休了。他告诉老板,说想提前退休,尽早回家与妻子儿女享受天伦之乐。老板舍不得这位工作认真、任劳任怨的好员工,再三挽留,但老木工决心已下,不为所动。

老板只得答应,但问他:"企业在豪华的地段买了一块地皮,您能否再建一座房子?就算是给我个人帮忙。"老木工虽然答应了下来,但思家心切,一心想着赶紧盖完房子就回家。

在盖房过程中,大家都看得出来,老木工的心已不在工作上了,用料也不那么严格,做出的活也全无往日水准,敬业精神已不复存在。

等到房子盖好后,老板把房子的钥匙交到了老木工手上,诚恳地说:"你为我工作这么多年,房子归你了,这是我送给你的礼物。"老木工羞愧难当,后悔不已。

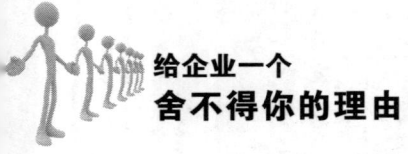

给企业一个舍不得你的理由

老木工一生盖了无数好房子,因为自己最后时刻的不敬业,而让自己住进了一栋最粗糙的房子。试想,如果老木工能够保持一生自始至终的敬业精神,那么他不就为自己的人生画下完美的句号了吗?

做任何事情都要善始善终,敬业也是一样。无论遇到什么情况,一生都要对工作保持敬业精神,把敬业精神贯彻到底,这才是真正的敬业;如果在最后时刻放松自己,前面再怎样敬业也可能会功亏一篑、前功尽弃。

因此,让敬业成为你一生的习惯吧!让它深入你的意识,成为你工作的必备条件,贯彻到底,那么保证你终生受益。

一个下雨天,艾瑞克走在回家路上,突然发现路边停靠着一辆丰田轿车。车的刮雨器失灵了,车主正在车窗那儿修理。或许是麻烦比较大,车主放弃了修理,而到路边店面询问附近有没有修理点。

见此情况,艾瑞克直奔那辆丰田轿车,只见他拿出包里的工具,砰砰锵锵,开始修理起刮雨器。车的主人返回时误解艾瑞克是偷车贼,差点报了警。艾瑞克及时进行了解释,说自己是一位汽车修理工。片刻之后,艾瑞克在雨中将刮雨器修好了,并且拒绝收车主给的小费,他说:"我是一名丰田员工,虽然现在是我的下班时间,但是给您修车是我不容推辞的职责。"艾瑞克的这种敬业精神深深打动了这位车主。

不久后的一天,艾瑞克走在回家路上,又发现一辆丰田轿车停靠在路边。车上溅着一些泥点,他马上走过去掏出手帕小心翼翼地擦起来,那细心的样子就像是在清洁他自己的车一样。

这时,路边的一位警察觉得奇怪,走过来问:"对不起先生,我刚刚看到车主人把车停在这儿去附近的超市购物了,我敢肯定这绝对不是你的车,我不明白你为什么在这里擦别人的车呢?"

艾瑞克看着洁净如新的汽车,满意地笑了,他指了一下车标,认真地对警察说:"你看,这是一辆丰田车吧。而我是一名丰田人,这辆车是我们生产的，所以它脏了，我就有职责给擦干净！"

一时之间，艾瑞克的美誉传遍整个丰田企业。

从故事中，我们看到的是一个爱岗敬业、热爱企业的优秀员工。在工作之余，艾瑞克也不忘记自己是一个丰田人，时刻牵挂着自己的企业，时刻准备着效力企业、效力工作，做到了始终如一的敬业，这种精神值得赞赏和学习。

请养成敬业的好习惯吧，并且始终如一地坚持下去！当你这么做的时候，也许你就正在为自己创造了一个珍贵的机会。或许在下一秒钟，你就可能得到领导的赏识和重用，获得企业的倾力扶持！

◆工作 100 分是一个职业人的追求

如果你的能力一般，敬业可以让你走向更好；如果你时刻想着把工作做到最好，杜绝一丝一毫的疏忽，敬业会把你带向更成功的领域。如何把工作做到百分百的程度，这应该成为每一个职业人的追求。

没有谁愿意承认自己不够敬业，即使是在工作中无所事事、整天混日子的人也不会这样认为，某些员工总是以"差不多"、"已经不错了"等作为"敬业"的辩护词，并以各种外在因素为自己开脱。

殊不知，在企业眼里，员工的"差不多"、"已经不错了"等理由均是一种不能严格按照工作标准来完成工作，做事不到位、不精细的失职表现，因为企业真正需要的是 100%合格的敬业精神。

给企业一个
舍不得你的理由

所谓的100%合格,就是把工作做到最好,做到极致,杜绝一丝一毫的疏忽,没有任何理由和借口,因为即使1%的差错也有可能带来100%的问题,致使企业蒙受不可挽回的损失。

这里有一组数据,可以让那些认为"99%就够"的员工大吃一惊。在美国,如果99%就够好的话,那么,每年大约会有11.45万双不成对的鞋被船运走;每年大约会有25077份文件被税务局弄错或弄丢;每天大约将有3056份《华尔街日报》内容残缺不全;每天大约会有12个新生儿被错交到其他婴儿的父母手中;每天大约会有2架飞机在降落到芝加哥奥哈拉机场时,安全得不到保障……

因此,那些以"差不多"、"已经不错了"等为标准,觉得将工作做得差不多就算敬业的员工,永远不会得到企业完全的肯定和信任,他会因此失去加薪、升职的机会,也绝不会有太大的成就。

每个人都应该把自己看成是一名杰出的艺术家,而不是一个平庸的工匠。成功者和失败者的分水岭在于:成功者无论做什么事情,都力求达到最佳境地,不会有任何的轻率疏忽,而失败者恰恰相反。

第二次世界大战中期,为了提高降落伞的安全性,美国空军军方要求降落伞制造商必须保证产品合格率。在制造商的努力下,降落伞合格率提升到了99%,并一再强调任何产品也不可能达到100%的合格率,除非奇迹出现。

99%的合格率乍看起来很不错,但对于美军军方来说,这就意味着每一百个伞兵中,会有一个人的降落伞不合格,他就可能因此在跳伞中送命。因此,美国军方不满意,要求制造商保证100%的产品合格率。

在交涉不成功的情况下,美国军方改变了检查产品质量的方法,他们决定从每一周交货的降落伞中随机挑出一部分降落伞,让降落伞制造商负责人以及工人们装备上身后,亲自从飞机上跳下以检验。

第1个理由
敬业的员工才能发挥工作的精神

这时，制造商才深刻地意识到100%合格率的重要性。他们聘用高端人才研发新技术，并改进现有的设备，采取了种种的措施，奇迹很快就出现了。降落伞在严格要求下实现了100%的合格率，美国空军终于满意了。

因此，在工作中，不要满足于普普通通的工作表现，要摒弃"差不多"、"已经不错了"等工作态度，严格要求自己，做就要做到最好，达到100%的工作质量，这是敬业精神的直接表现。

任何上司和企业都喜欢、器重能把工作做到最好的员工，每当有好职位空缺了，他们往往会首先提拔这样的员工。正因为如此，魏小娥从海尔集团一名普通的工作者，脱颖而出，成为海尔分厂的厂长、海尔质量的代言人。

为了发展海尔整体卫浴设施的生产，33岁的魏小娥被派往日本学习世界上最先进的卫浴生产技术。学习期间，魏小娥了解到日本人试模期废品率一般都在30%~60%，设备调试正常后的废品率为2%。

作为一个海尔人，魏小娥深信张瑞敏董事长所说的"所有的产品都应该是精品，有缺陷的产品等于是废品"的"零缺陷"神话，她有些不解地问日本的技术人员："为什么不把合格率提高到100%？"

"100%？你觉得可能吗？"日本模具专家宫川先生反问。

作为一个海尔人，魏小娥的标准就是100%。在她的心目中，没有做不好的工作，只有做不好工作的人。此后，她充分利用每一分每一秒的时间拼命学习。几个月后，她带着先进的技术知识和赶超日本人的信念回到了海尔，她将主要精力放在抓卫浴模具质量上。

如何提高模具的合格率，制造出完全合格的产品呢？魏小娥绞尽脑汁想办法解决，要求自己不容许有丝毫的闪失，不放过任何一个技术问题。她还要求操作工统一剪短发，并穿上消毒后的白衣、白帽，保证生产现场一尘不染。

就这样,可能出现2%废品的因素一个个被消除了。被日本人认为是不可能的产品合格率,魏小娥完美地做到了。不管是在试模期间,还是设备调试正常后,卫浴模具合格率均为100%。魏小娥脱颖而出,被海尔集团评选为"关键技能带头人",成为海尔集团卫浴分厂的厂长。

作为一个海尔人,魏小娥深知,1%的差错会造成100%的问题,她努力拼搏,落实了100%的产品合格率。这种"零缺陷"和"消除1%差错率"正体现了海尔员工的敬业精神。试想,如果魏小娥像日本技术人员一样认为"100%不可能"而敷衍了事、得过且过,那么她也就不可能拥有后来的"幸运"。

总之,如果你的能力一般,敬业可以让你走向更好;如果你时刻想着把工作做到最好,敬业会把你带向更成功的领域。超越平庸,选择完美,值得我们每个职业人一生追求。

◆敬业的最大好处是自身受益

员工敬业可以提升企业价值,自身也是敬业的受益者,敬业缔造良好的口碑,让人愈敬业愈优秀,愈敬业愈成功!

"敬业只对企业有好处,我得不到多少好处,凭什么敬业呢?"
"我就拿这么一点点工资,干吗那么累死累活呢?"
"敬业?那不过是企业愚弄员工的话!"
……

第1个理由
敬业的员工才能发挥工作的精神

奉行实用主义，只追求眼前实惠的员工，常误以为敬业是增加了领导的财富，提升了企业的价值，创造多大的财富都与自己无关，自己也从中得不到多少好处，所以，在工作中我们经常会遇到说上面这些话的人。

的确，员工敬业提升了企业价值，使企业的预期目标得以实现，但仅仅企业是受益者吗？不是，事实上你自己也是敬业的受益者，而且还是最终、最大的受益者。为什么这么说呢？有以下几点理由。

1.敬业使你成为"专才"

一个敬业的员工，无论他的工资与级别多低，他都会毫不吝惜地投入自己的精力与热情，兢兢业业、勤勤恳恳地工作。在此期间，他能从工作中学到比别人更多的经验，在干中学，学中干，为干而学，为干得更好而学。逐渐地，他就能把现在的工作做得更好，从而赢得领导的青睐，得到更好的提升。

而且，这些工作经验是一个人向上发展的阶梯。就算他以后更换了工作，从事不同的职业，丰富的经验和好的工作方法也必会为他带来更大的优势，他所从事的任何行业都会极容易获得成功。

李嘉诚之所以能够成为香港首富，与他的敬业精神是分不开的。

14岁时，由于家庭生活所迫，李嘉诚不得不中途辍学，在一家茶楼当跑堂，肩负起生活的重担。香港的广东人有吃早茶的习惯，店伙计每天必须在凌晨5点左右赶到茶楼，为客人们准备好茶水茶点。于是李嘉诚每天天未亮就得起床，赶往茶楼。

尽管茶楼工作异常辛苦，每天来来回回少说也要跑上百八十里，工作时间长达15个小时以上，但李嘉诚不敢有丝毫懈怠。为了最早一个赶到茶楼，他每天都把闹钟调快10分钟定好响铃。后来，他将这一习惯保留了大半个世纪，成了商界交口称誉、津津乐道的美谈。

在茶楼工作的两年时间中，李嘉诚真诚敬业、勤勉有加，很快便赢得了

给企业一个
舍不得你的理由

老板的赏识,他成为加薪最快的堂倌。在此期间,他见识了形形色色的人和各种各样的事,学到了许多书本上学不到的东西,也养成了察言观色、善动脑筋的本领,这为他以后从事销售工作打下了基础。

17岁时,李嘉诚毅然离开了茶馆,到一家塑胶厂当了推销员。推销产品需要到处跑,十分辛苦,但他对此早已习惯,刻苦钻研、任劳任怨,而且他善动脑筋,能根据不同的对象灵活推销产品,成绩显著。

之后,年仅20岁的李嘉诚就被塑胶厂厂长提升为业务经理乃至总经理。在敬职敬业中,他不仅站稳了脚,而且养活了全家人,在香港已成为一颗令人瞩目的新星,并凭着兢兢业业的工作态度,最终开创了属于自己的事业,成为香港首富。

可见,即使你是一个很平凡、很普通的人,你也完全可通过兢兢业业、勤勤恳恳的工作提高自己的工作能力和经验,进而成为一个出类拔萃的专才,成为企业不可替代的人,赢得领导的青睐,得到更快的提升。

敷衍了事,三心二意,虽然这些不敬业的员工在某个时候可以侥幸过关,但最终是将自己从工作中不断获取进步、发展、提高的机会拱手让给了他人,是为自己的进步设置障碍,长此以往,就会被企业所淘汰。

2.敬业缔造良好口碑

管理学家陈鸿桥有言:"敬业是快乐的,敬业的口碑是职业生涯中最大的财富。"当一个人被周围的人称之为敬业的人时,他就获取了一个人职业生涯中最大的财富——敬业的口碑,那么就值得被委以重任。

任何一个人,通过敬业都可找到实现自己价值的平台,获取职业生涯中最宝贵的敬业口碑。这个"口碑"是个人的"护身符",是无价之宝,凭着它可以走遍天下,永远都不会失业。

关于这一点,下面这个事例就是最好的证明。

黄某是一个曾被媒体盛炒过的惯偷,他偷偷摸摸大半辈子,几十年来,

第1个理由
敬业的员工才能发挥工作的精神

在监狱、拘留所里经常进进出出。由于他偷盗的数目不是很大,警察每次又不能强行长期拘留他,抓了放放了抓,深感无奈。

直到快60岁时,刘金华看到大墙外有一个七八岁的孩子蹦蹦跳跳地走过,他心里猛然一动,自己都这般年纪了,最后连自己的骨血都留不下,真是作孽,于是幡然醒悟,洗心革面,发誓要重新做人。

从监狱被放出来后,黄某不再像以前那样整日在大街上晃荡,他准备开始找工作了。但是大家都知道他小偷小摸惯了,没有一个企业肯聘用他。无奈之下,黄某只好在一个居民区里捡破烂。捡破烂时,他几次捡到居民丢失的贵重东西,竟拾金不昧,千方百计地归还,并捎带着清理卫生和维护治安。

时间一长,黄某被物业企业招为保安。一个贼居然当了保安,居民们哗然,纷纷表示抗议。物业企业力排众议,为黄某打保票,强调他已经洗心革面,肯定能敬职敬业,保护好小区的安全。

果然,黄某敬职敬业,没有再偷过一件东西,而且他最懂得怎样防盗,那些贼们也不敢再光顾这个居民区。后来,刘金华成了各小区争抢的保安。原来的居民为了留住他,不仅要求物业企业给他加了薪水,而且还轮流请他到家里做客。

当然,敬业口碑的形成并非一件容易的事情,它需要对每一项工作的细致入微,做到精致、极致,即使这份工作看起来最简单、最卑微、而且它需要靠一点一滴、长年累月地累积而逐渐树立。

有句谚语这样说道:"你看见辛苦敬业的人吗?他必站在君王面前,因为敬业的人才可以得救。敬业是一个人通向天堂的通行证。"因此,别再怀疑敬业于己无用了。愈敬业你愈优秀,愈敬业你愈成功!

第❷个理由
忠诚的员工是企业安全的保护伞

　　忠诚反映了员工对待人生和事业的态度,既忠于企业又忠于自己的员工才是体现最大价值的员工。成功是从小事积累起来的,员工应珍惜现在的工作,牢牢地抓住工作中每一个细小的机会。这样,自己的成功就会在不知不觉中到来。

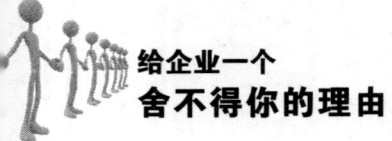

给企业一个
舍不得你的理由

◆企业制度就是工作准则

无规矩不成方圆。在日常生活中,"规矩"是无处不在、无时不有的。小到一个企业,大到一个国家,都会有它的规章制度。中国的企业在逐渐地向制度化管理过渡。对于每一位企业的员工来说,具备忠诚的重要表现就是严格遵守企业规章制度。

企业管理中各种管理条例、章程、制度、标准、办法、守则的总称叫企业规章制度。这是组织正常运营的最基本保证。

生产部门制定的规章制度,是为了提高企业的生产效率和保证产品的质量;人力资源部门制定的规章制度,是为了更好地为企业招募和培训人才,以提高企业的人员素质;财务部门制定的规章制度,是为了加强企业财务管理和企业支出收入的的安全性……

制度面前人人平等,只有这样,才能提升企业和个人的职业素质,企业才能做大做强。所以说,作为企业中的一员,作为一名职业人,不论你是谁,都应该严格遵守企业规章制度。

企业的规章制度需有以下几点的要求:

1.规范性

管理规范要成为人们的行为准则,告诉员工应当做什么,应当如何去做,要做到准确、齐全、统一。

第2个理由
忠诚的员工是企业安全的保护伞

2.强制性

它对全体职工都有严格的约束力,任何人不得违反。为此,企业的管理规范要保证公开性和权威性。

3.群众性

管理规范要简明扼要,通俗易懂,便于掌握和执行。

4.相对稳定性

管理规范一经批准,在一定的时期内就要保持稳定。

工作中,我们必须时刻督促自己,努力做到严格遵守职业规范和企业制度,实现与企业共同发展。每一位员工都是企业的一分子,遵守企业的各项规章以及本部门的各项制度,这是企业对每位员工的基本要求。

下面举个不遵守企业规章制度的例子。

刘佳大学毕业后,在一家网络企业工作。她的能力非常强,原本乱七八糟的数据库,到她手上就都顺畅了,优化后的数据库与程序使网站运行效率大大提高。由于工作业绩显著,刘佳在试用一个月后就转正了。

可是她有一个缺点,就是拖拉,她一个月内就有5次迟到,而且有3次都是迟到了半小时以上。针对这种情况,企业出台了一项规章制度,一个月迟到5次以上,或迟到时间累计超过两个小时,企业可以辞退员工。

为了避免刘佳被开除,经理特意找她谈话,让她以后注意点。刘佳觉得很不可思议:不就是迟到吗?有什么大不了的,只要我的工作做得好就行了。由于没有认识到事情的严重性,没过多久,她又一次迟到了,并且迟到了半个小时以上。

接下来的半个月内,她连续迟到了5次,人力资源部经理决定辞退她,尽管技术部经理再三为她争取机会,但为了维护企业制度的权威性,最后经过企业决定,还是辞退了刘佳。

一个人的时间观念很重要,因为它代表着一份责任心,在领导的眼里,

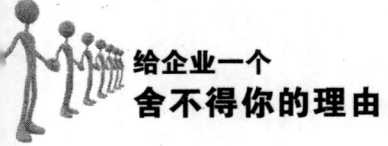
给企业一个
舍不得你的理由

经常迟到是缺乏员工责任心的表现。因此,要想在事业上干出一番成就,首先就应该严格要求自己,不能因为私事而破坏了企业的规章制度,严格遵守规章制度是每位员工的必修课。

规章制度规范了员工们的行为,同时也维护了广大员工的利益,而员工的利益与企业的利益息息相关。

◆做好工作中的每一件事

企业都喜欢忠诚的人。俗话说,一盎司忠诚相当于一磅智慧,不管在哪家企业,忠于职守都是十分重要的品质。忠诚的员工,身上有一股强烈的责任感和使命感。他们热爱自己的工作,无论岗位多么平凡,工作多么卑微,他们都会始终如一地坚守自己的岗位,完美地履行日常工作职责,从而渐渐提高自身价值。

工作虽有岗位之分,但忠诚没有岗位之分。

忠于职守,这是每一个员工的职业道德准则,它不仅要求员工必须对自己所负责的工作尽到应尽的责任,而且还要求员工在做事情的时候不能敷衍了事,忠实地履行日常工作职责,尽心尽力。

在职场上,总有一些员工自命清高,做事情时喜欢挑肥拣瘦,拈轻怕重,对待工作敷衍了事、得过且过,这明显不是工作能力的问题,而是对待工作的态度问题,说到底,就是忠诚度不够的一种外在表现。

俗话说:"一粒老鼠屎,坏了一锅粥。"忠诚度直接影响到企业的发展,

第2个理由
忠诚的员工是企业安全的保护伞

如果一个企业里面有一位不忠诚的员工,那么,企业的气氛、企业的发展多多少少都会受到影响;如果企业里有好几位不忠诚的员工,那么企业势必将元气大伤,甚至面临着倒闭的危机。

我们在进入企业的开始,往往都是抱着很高的忠诚度,后来随着工作中遇到的困难和工作中遇到的不公平,会产生一些情绪上的波动,当波动达到一定的深度后,就会产生不忠诚想法。

那么,如何解决这种不忠诚的想法呢?

第一,要及时解决工作中遇到的问题。很多人产生不忠诚的想法,往往都是在工作中的不如意积累而成。与其让不如意积累爆发,不如逐个解决掉这些不如意。

第二,不要受外界诱惑而迷失自己。有些不忠诚的想法是被外界迷惑后产生的,在遇到这些诱惑时,要把忠诚感放在第一位。企业给了我们工作,给了我们薪资,给了我们人生的经验,即使不想在企业工作,也不能以靠出卖企业信息获得利益。

由于企业近期经营不景气,要准备裁员了。老王和老刘都上了解雇名单,被通知一个月之后离职。两个人都在企业待了十多年了,之所以被裁一是两人学历比较低,二是两人年纪较大了。

在得知要被裁之后,老王逢人就大吐冤情:"我在企业待了这么多年,没有功劳也有苦劳,凭什么解雇我呢?"他仿佛自己被人陷害了似的,对谁都没有好脸色,还把气发泄在工作上,敷衍了事。

相同遭遇的老刘也很难过,但他的态度和老王截然不同。老刘的想法是:"既然只有一个月时间了,在岗一天就应该负责一天。"于是,他更加认真负责地对待工作,而且,为了给大家留个好印象,他还逢人就道别。大家反而比以前更亲近他了。

一个月很快到了,老王工作做得很糟糕,如期离职;老刘却被老板留了

下来,还被提拔为组长。老板说:"像老刘这样忠于职守,对工作认真负责的员工,正是企业需要的,我怎么舍得他离开呢?"

老刘工作认真,不敷衍了事,被经理提拔为助理;相反,那位糊弄工作的老王失去了工作。可见,对工作不重视、不认真、不负责任,是对企业不忠诚的一种表现。长此以往,你将会失去企业对你的信任,甚至有可能丢掉自己的工作。

忠诚的员工热爱自己的工作,无论岗位多么平凡,工作多么卑微,他们都会始终如一地坚守自己的岗位,完美地履行日常工作职责。试问,假如你是企业上司,这样的员工你能不喜欢吗?

针对很多职业人眼高手低,大事干不了,小事干不好的情况,一位企业家说:"比其他事情更重要的是,你们需要踏踏实实把一件事情做好。跟其他有能力做这件事情的人相比,如果你能做得更好,那么,你就永远不会失业。"

◆保守企业机密

一言不慎身败名裂,一语不慎全军覆没。破坏忠诚的道德底线,是将企业的机密出卖给其他人,这不仅是出卖企业,最终出卖的也是自己。严守企业和老板的秘密,已经知道的绝对守口如瓶,不该知道的不去打听。

保守秘密,是身为员工的基本行为准则,是事业的需要。机密关系到上司的声誉与威望,关系到企业的成败。现在的企业用人,已经将道德放到了

第 2 个理由
忠诚的员工是企业安全的保护伞

和才能一样重要的地位。不论一个人的能力有多强,如果不诚实,人品不好,那也是万万不能用的。

如果你思想松懈,说话随便,说了不该说的话,有意或无意地造成泄密,那么,轻则会使上司的工作处于被动,带来不必要的损失;重则会给企业造成极大的伤害,造成不可挽回的影响。所以,事关工作机密,员工一定要处处以企业利益为重,处处严格要求自己,做到慎之又慎。

现代企业的竞争越来越激烈,为了不给竞争对手以可乘之机,每家企业都很看重自己的商业机密,但是任何一家企业都难以保证其每一位员工都能做到保守秘密。现实中,不可避免地会出现员工泄露自己企业商业秘密的情况。有的是因为粗心大意导致泄密,有的是因为员工缺乏商业机密的相关知识而在无意中泄密,有的则是员工由于经不住各种诱惑而恶意出卖企业的机密。

在诱惑颇多的现代社会,背叛似乎变得很简单,因而忠诚就显得更加可贵。坚持自己的忠诚,需要鉴别力也需要经得住诱惑的能力。当你忠诚于你所在的企业时,你所得到的不仅仅是企业对你更大的信任,还会有更多的收益。

杰克是美国一家电子企业有名的工程师。这家电子企业是一个小企业,在日益激烈的市场竞争中,时刻面临着来自规模较大的瑞丽亚电子企业的压力,处境非常艰难。

有一天,瑞丽亚电子企业的技术部经理邀杰克共进晚餐。在饭桌上,这位部门经理对杰克说:"只要你把企业里最新产品的数据资料给我,我会给你很好的回报,怎么样?"一向温和的杰克一下子就愤怒了:"不要再说了!虽然我的企业效益不好,处境艰难,但我绝不会出卖我的良心,做这种见不得人的事。我不会答应你的任何要求。"

"好,好,好。"这位经理不但没生气,反而颇为欣赏地拍拍杰克的肩膀。

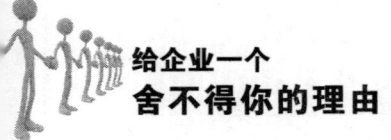

给企业一个舍不得你的理由

不久,杰克所在的企业因经营不善破产了,杰克失业了,一时又很难找到工作,只好在家里等待机会。没过几天,他突然接到瑞丽亚电子企业总裁的电话,让他去一趟总裁的办公室,说想见他一面。

杰克百思不得其解,不知"老对手"企业找他什么事。他疑惑地来到瑞丽亚企业,出乎意料的是,瑞丽亚企业总裁热情地接待了他,并且拿出一张企业的聘书——请杰克做瑞丽亚企业技术部经理。

杰克被这一幕惊呆了,喃喃地问:"你为什么这样相信我?"总裁哈哈一笑,说:"原来的部门经理退休了,他向我说起了那件事并特别推荐你。小伙子,你的技术水平是出了名的,你的正直更让我佩服,你是值得我信任的人!"

杰克这才明白过来。后来,他凭着自己的技术、管理水平和良好的诚信,成为了一流的职业经理人。

一个不为诱惑所动、能够经得住考验的人,不仅不会失去机会,相反会赢得机会,还有别人的尊重。

每一个员工必须具备保守企业机密的职业道德。不该问的不问,不该说的不说,不要随便张扬企业的各种事务,更不能出卖企业任何商业机密,这是一个忠诚员工做人的起码的标准。

某企业主管马先生自从和总经理产生意见冲突后,双方一直未能妥善处理,为此马主管一直耿耿于怀。就在这时,企业竞争对手接近了马先生,出高价让其暗中出卖本企业的商业机密。

利欲熏心加上报复心的驱使,马先生想尽了一切办法把企业的机密文件和库存数量、货品结构、价格策略弄到了手,并一一透露给了竞争对手企业。几经交手,原先生意红火的企业蒙受了巨大的经济损失,节节败退,最后元气大伤而濒临倒闭。

达到目的后,马先生立马辞职,准备前去竞争对手企业。他认为自己也算是这家企业的功臣,一定会讨个主管、经理等中层管理层的工作。岂料,他却遭受了一番冷遇。原来,这家企业见马先生如此对待老东家,自然会想到他以后也会如法炮制,如此一想,便不敢雇用他了。

最后,马先生不仅丢了工作,还落了个背信弃义的骂名。

马先生的行为显然是一种背叛。而且他身居要职,曾参与企业的经营决策,了解企业的商业秘密,这种人一旦对企业不忠是相当可怕的,甚至可能直接决定企业的生存与发展。因此职位越高的员工,越应该忠诚于企业!

总之,当你忠诚于你的企业时,你所得到的不仅仅是企业对你的更大的信任,还有更多的收益;当你不忠诚你的企业,将企业的机密出卖给其他人,即使能获得一时利益,但长期下来将损害自己的职业声誉和前途。

所以,无论何时,身为员工一定要牢记祸从口出的道理,绝对不要出卖企业秘密,谨守这条道德底线,对你的领导忠诚,对你的企业忠诚,对你的职业忠诚,更对你自己的良心忠诚!

◆任人唯贤而不任人唯亲

人才永远是企业中的宝贵财富和根本竞争力,正所谓"成也萧何,败也萧何。"企业的用人决策在很大程度上决定了其兴衰。企业是任人唯贤还是唯亲?这种"贤"与"亲"之间的平衡是个很值得探讨的话题。

一个企业若能尊重人才、重用人才、任人唯贤而不徇私情,则会走向事业的发达;如果是以亲疏划线,将无能的亲朋作为栋梁,企业即使不会衰

给企业一个
舍不得你的理由

败,也会发展不起来,在失败中举步维艰。

历史事实告诉我们,凡是英明的统治者大多任人唯贤而兴国立业。其实,企业也似一个小国家,若能采用良好的人才策略、机制,企业的生存和发展才会有所保证。一个企业拥有的贤才越多,企业获得的收益就越多,绩效也才会更好,在激烈的竞争中也才会长盛不衰。

那么,知"贤"才能用"贤"、才能任"贤"。作为一个决策者何以能知道这个人是不是贤才呢?

人各有所长,贤能之人也是各有所专。企业中有很大一部分面临发展的瓶颈并非产品不够好、技术不过硬或是市场不够大,而是岗位上缺乏合适的人才,能够真正将其才华发挥出来的人才。

比如,一个好的文员,有过人的文采,处理文件也十分得力,却偏偏去当部门经理,这只会因其缺乏帅才而业绩平平;一个有帅才的人才,却因为上司的制约去做采购,跑业务,这也会失去一个好的顶梁柱。当然,帅才之中也分为进取派和稳健派,有的善于在逆境中求发展、求稳定,有的善于审时度势。因此,即使企业中有贤才也要懂得知人善用、用人所长,使英雄有用武之地。

我们在了解一个人的才能时,不仅可以通过他的工作表现,还可以观察他在生活当中的言行,多渠道地去了解,听听大家的意见,这样既可以更多地发现他的长处优点、短处及缺陷,还可以将错误判断的发生率降低。在全面了解之后才能更加合理地分配他们的工作岗位,才能优化安排。

韩国三星企业是我们熟知的大品牌,在它的核心管理层中,有近70%的是公开招聘而来,他们在各级管理层中发挥着巨大作用。与此同时,对于社会和政府的各种有用之材,他们也敞开大门。在三星里,你既能看到某校的知名教授,也能看到退职的政府官员,还有移居国外的高级人才。这里人才济济,因此三星涉及的领域甚为广泛。

第 2 个理由
忠诚的员工是企业安全的保护伞

三星的这种广纳贤士的做法避免了任人唯亲的裙带之风,创造了以业绩晋升的良好风气。正是这种善举激发了各级员工的创造热情,使企业员工充满活力和进取心。

在三星,企业很注重对业绩能力的考察,赏罚严明,绝不受人缘亲情的影响。在三星,员工要想得到提升与高额报酬,唯有努力工作、提高业绩。企业的赏罚条例极为严格,不论资排辈,也不讲求情面,只要确有能力,便会受到重用,地位和薪水也都会随之提高。

作为企业的管理人员,应该时刻保持着公平、公正的态度,任人唯贤,也只有贤才聚集在一起,才能使企业发展的更快,也能在互相比较、互相帮助中提高自己。

然而,总有一些企业的管理人员,为了使自己在企业有一些"亲信"、"耳目",不断提拔自己的亲戚和好朋友。如果你的亲戚和好朋友有能力,这对于管理人员和企业都是一个好的结果,但偏偏有些人成不了大事,如果一味的任人唯亲的话,只会搬石头砸自己的脚,最后受损的还是自己。

尊重人才、合理启用人才是每个企业必须坚守的标准,只有启用了适合这个岗位的人才,才能发挥人才的最大潜能;反之,轻则成绩平平,重则给企业带来严重的损失。

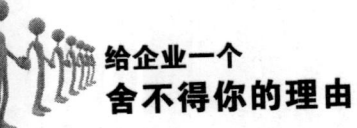

给企业一个
舍不得你的理由

◆要忠诚,不要愚忠

忠诚不是盲目的、绝对的愚忠会给企业带来毁灭性的空难。当领导出现错误的时候,身为企业的一员,你有责任站出来指出其中的不妥之处。这既展示了你的知识、智慧、能力,也表现了你对领导、对企业的忠诚。

对于员工而言,不管你身处什么样的职位,能力有多强,地位有多高,你必须忠诚于企业,忠诚于领导,这是一种必需的职业道德。

我们所说的忠诚绝不是不动脑子的愚忠。在现实生活中,把愚忠当做忠诚的人不少,这些人的观点是:忠诚就是向领导无条件地效忠;忠诚于领导就是绝对听领导的话,领导说一就是一,企业说二就是二,不管对错。

领导做出的每一个决定都直接影响到企业的发展,但领导也是人,难免会犯错。当领导决策错了,员工却一声不吭时,有可能让整个企业掉入深渊。此时,企业凭什么相信你,凭什么倾力扶持你?

因此,当领导出现错误的时候,身为企业的一员,你就有责任站出来指出其中的不妥之处。这既展示了你的知识、智慧、能力,也表现了你对领导、对企业的忠诚。

在西部某省一个山区,马老板经营着一家乡镇企业,企业主要是经营水果生意。作为企业的董事长,马老板一向高瞻远瞩,敢想敢做,将生意做得风生水起,深受员工们的尊重。

第2个理由
忠诚的员工是企业安全的保护伞

有一段时间，马老板认为该地区水果产量比较丰富，便想拓展一下企业业务，准备启动一个果汁生产项目。这一决议得到了企业中层管理者的普遍认可，但投资部门的刘华却持否定意见。

刘华说道："我认为目前做果汁生产项目还不合适，一是我们的技术尚未达到做优质果汁的标准，保质期太短；二是我们的经销商目前的水果生意还不错，他们估计不愿意冒险经销果汁，产品推销不出去怎么办？"

马老板本以为自己的决议会赢得满堂喝彩，却不料被一个刚进企业不到两年的年轻小伙子如此反对，他有些不高兴。但刘华坚持己见，还游说几个副总一起否决了这个项目。

为了证明自己是正确的，马老板对市场各方面做了详细调研，结果不无庆幸地说："幸好当初没有启动那个果汁项目！邻县的一家企业启动了这个项目，现在弄得是血本无归，已经濒临破产了。"最后，刘华因为这个"爆破式"的建议被提拔为投资部门的副经理。

面对领导提出的企业决策时，刘华没有盲目地听从领导的意见，而是通过认真分析，形成了自己的看法，并对领导的决策提出了建设性的意见。刘华的反对意见拯救了整个企业，这样说并不夸张。他虽然没有听从领导的意见，但谁能说这不是源自于对领导、对企业的忠诚呢？

忠诚是一种准则，是要用行动来证明的，而不是伪装出忠诚的面孔阿谀奉承，谄媚献宠。领导之所以能成就一番事业，也是一步步从基层做起的。他看人的眼光是很独特的，想要以一时来蒙蔽可能会过关，但是不可能长久，很快就会被淘汰。

现在再想一下，当领导犯错时，为什么你虽然有自己的看法，但不敢和老板说出来，甚至大呼老板伟大、老板英明呢？这大多是因为你害怕"触犯"威严，害怕往后老板会对自己做出不利的举动。

实际上，许多企业的领导时常会体会到个人能力的欠缺，而员工能够

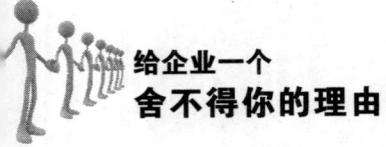

给企业一个
舍不得你的理由

鼎力辅助自己,这是任何一位有作为的老板都希望看到的,他们也将之视为忠诚之举。因此,不要一味地愚忠,当老板出现错误时,要勇敢地站出来提醒,以表达自己的忠诚。

如果领导果真脾性暴躁、刚愎自用,你就要采取比较含蓄的方法说明你的看法了,比如发邮件、发短信或写字条的方式都可以。这会让老板感觉到你既有创造性地干好本职工作的能力,又有为企业分忧解难的本领;既看到你的好品质,又认识到你的高才能,倾力扶持你也是迟早的事情。

当然了,我们所讲的忠诚于领导,是指你的领导值得你去忠诚于他。如果说一个没有信义、没有道德的人是你的领导,如果他所要你做的是缺乏诚信道德的事,那你就应该果断地拒绝或者离开。这时候,如果你为了表忠,宁愿违背道德规范,也要"忠"于领导的话,那么事情一旦暴露,则是害人害己。有这样一个真实的案例,就是盲目服从领导,结果自毁前程,希望你以此为借鉴。

有一段时间,全国遭遇"禽流感"。这时候,有一家企业的老板想乘此机会报复一下竞争对手。他找来了一名自己的下属,让下属给防治"禽流感"中心打电话,谎称竞争对手企业里发现了多名"禽流感"疑似患者。这名下属一向对老板忠心耿耿,接到老板的命令后,他遵照执行。

正是由于这个电话,对方企业的不少人都被强制隔离观察,企业不得不放长假。结果没有几天,医务人员发现这些人均非"禽流感"患者,便让他们出院了。鉴于这严重影响了社会秩序,医务人员报了警。

经过多方调查,警方查到了那个下属那里,在警方讯问人员的强大攻势下,那名下属交代自己是受老板指使的。可是,这时老板为了自保,却说自己并不知道这件事,还指责下属居然干这样的蠢事,将其开除。

就这样,这名下属对老板盲目地服从,最后却是引火烧身,自己倒霉,毁掉了自己的前程。

第 2 个理由
忠诚的员工是企业安全的保护伞

当老板向你下达指令时,你一定要学会分辨是非,学会冷静地思考问题,不要因为老板的威严就吓倒,更不要"忠"于违背道德规范的老板。记住,忠诚是需要动脑子的,不是盲目的、绝对的愚忠。

◆ 与企业一起渡过难关

进入一家企业,不仅代表着你的一次机会,也是意味着你的命运从此与企业牢牢地联系在了一起。企业是承载员工事业的船,而你是企业前行的水手,因此它的安危事关于你。

古谚说:"树倒猢狲散。"职场中,这句话常用来比喻员工对企业不够忠诚。企业发展好的时候,很多人趋之若鹜;企业一旦不行了,那些平日里口口声声"忠诚"的人却纷纷离去。这样的员工只能与企业同享乐,却无法与企业共患难。

企业是承载员工事业的船,而员工则是推动企业不断前行的水手,让船乘风破浪、安全前行,是你的责任。

你有责任和义务与企业一起抵御风雨,一旦遇到了风险,应该努力使这艘船到达成功的彼岸。既然选择在一家企业工作,你就是企业的一员,就应该和企业同心同力,同发展、共命运。

每一个企业的员工都应以"主人"的心态来管理,来照料这艘"船",而不是以一种"乘客"的心态来渡过人生的浩瀚大海。

IBM、海尔、华为、微软、联想等世界 500 强企业,它们的发展历程并非一帆风顺,也曾陷入困境,每一次困境都如同一把筛子,把那些急功近利

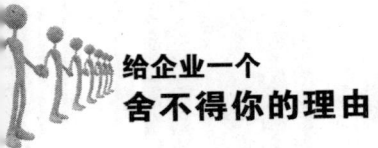

的、目光短浅的员工筛走，留下的都是有责任心、能同甘共苦的精英。

你是否在进入企业时就抱着一种不好就撤的心理？当企业遇到困难时，你是否只想着如何尽快脱身？

如果是这样，你就应该好好地检讨自己了，看一下自己是否已经融入企业中，是否把每一件事情都当成自己的起点来认真地对待。

现在，职场中的工作机会虽然相对多了，但如果没有与企业共发展、同进步的思想，也很难做出什么成就来；如果把企业当成自己的家，与企业同舟共济，真心付出，就能在事业的道路上有所收获，获得更大的发展空间。

20世纪80年代初，日本十大纺织企业之一的钟纺纺织企业的董事长伊藤先生，便是从小职员做起来的。

钟纺企业曾经有许多公司，其中有一家分公司曾做得非常不理想，年年亏损。武藤董事长便打算让其停止生产，同时把员工们也一并遣散。

得知这个消息，员工们开始无心工作了，对董事长的态度也变得十分无礼。这时候，只有伊藤一个人始终在沉寂的办公室里日夜不停地工作，整理及处理企业收尾工作，甚至比以前做得更有劲头，更负责任。伊藤这种忠诚无私的为人风格与气节使武藤先生大为感动，对这位年轻人重视起来。

于是，武藤先生请他到钟纺企业当他的秘书，并且对他十分器重。由于他的表现非常突出，3年后他当上了常务董事。

几年后，武藤就将这家大企业交给伊藤一个人来管理了。

"自己服务的企业濒临倒闭之时，就是你留下来发挥潜力的最好机会。如果没有关闭那个亏损单位的机会，也许，我一辈子都是个小职员呢？"年轻的伊藤董事长这样深情地回忆。

忠诚不仅仅是一种美德，更是一种做人境界。每个人最值得别人信赖的，就是对别人的忠诚。你也许什么都没有，但你可以拥有忠诚，这将是你能为这个世界作的最大贡献。忠诚，让人铭记一份真情，让世界处处充满爱。

第 2 个理由
忠诚的员工是企业安全的保护伞

◆对任何工作都要忠于职守

职场中,企业最欣赏的就是那些能用务实的态度来坚守自己的岗位并能脚踏实地的员工。这样的员工是企业的一笔宝贵的财富,是推动企业不断发展壮大的中坚力量。

在职场上,有一些员工不安于自己的岗位,对工作挑三拣四,喜欢找那些简单轻松的工作来做,却将复杂困难的工作留给别人。其实他们并不是做不了复杂困难的工作,而是对工作没有一种忠诚度,对企业没有一种忠诚度。这样的员工觉得,自己在企业就是为了赚高工资。何不站在企业的角度想一想,如果你对企业没有百分百的忠诚,企业会愿意将高工资给你吗?

坚守自己的岗位,做好本职工作,是一个员工最起码的职场标准。无论你是领导还是普通职员,无论你是学富五车还是目不识丁;无论你是男人还女人,只有尽善尽美地完成本职工作,才算是称职。

一个寒风呼啸的傍晚,一身戎装的约克中士正急匆匆地赶路。当他经过一座美丽的公园时,一个神色焦虑的中年人拦住了他的去路,"对不起了,先生,请问您是位军人吗?"

约克中士愣了一下,然后他回答道:"噢,是的。请问我能够为您做些什么吗?"他以为发生了什么严重的事情,这位中年人才向他寻求帮助。

这个人向他解释说,他一直在等军人路过这座公园。因为,他刚才在公园里游玩时,看到一个小男孩一直在哭,就问他为什么不回家?结果那个小

41

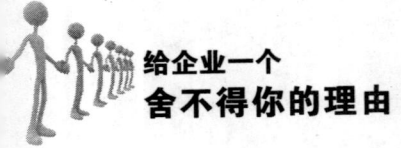

给企业一个舍不得你的理由

男孩说,他跟一群孩子玩站岗的游戏,他演一位站岗的士兵,没有命令是不能离开岗位的。但是天已经快黑了,公园也要关门了,还是没有人来命令他停止站岗,于是,他就一直在那等着。

约克中士不解地问道:"天马上就要黑了,还刮着大风,他为什么不直接回家呢?和他一起玩的那些孩子呢?"

那个中年人告诉约克,现在公园里空荡荡的,和他一起玩的那些孩子大概都回家了。他劝说那个孩子回家,但是那个孩子说,站岗是他的责任,他要坚守岗位,没有命令不能回家。中年人这才想起要找一位军人帮忙。

于是,约克中士和这个人一起来到公园,看到了那个坚守岗位的小男孩。约克中士走过去,敬了一个军礼,说道:"你好,下士先生,我是约克中士。我现在命令你结束站岗,立刻回家。"

"是,中士先生。"小男孩高兴地说,然后向约克中士敬了一个不太标准的军礼,撒腿就跑了。

约克中士对这位中年人说:"这孩子是一个称职的军人,很值得我学习。"

这位小男孩的站岗"工作"原本是个游戏而已,但他却坚持要接到离开命令才肯回家,哪怕和他一起玩这个游戏、命令他站岗的小伙伴把他给忘了。这种坚守岗位、忠于职守的精神,令人尊敬和感动。假如你是领导,这样的员工你能不喜欢吗?

在企业中,总有一些岗位是大部分人不喜欢去做的,这些岗位要么是脏、累、差的体力劳动,要么是技术含量低的重复性工作,还可能是难度系数太大的"硬骨头"。对这样的工作,很多人都是避之唯恐不及。

但工作总要有人来做,当这样的工作落在我们的身上时,我们应该抱着忠诚的态度和敬业的精神出色的完成这些工作。不管工作的性质如何,我们都应该站在员工的立场上为企业考虑,要圆满地完成企业交给我们的任务,要完成得让自己满意,要完成得问心无愧。

第 2 个理由
忠诚的员工是企业安全的保护伞

试想,如果遇到不喜欢的工作就没有人去做了,那么这个工作怎么才能完成呢?如果这项工作就是必须要做的,何不忠于职守,尽职尽责地把它做好呢?

要知道,你把忠诚和责任花在什么地方,你就会在那里看到成绩。

有时候领导让你做一些小事,其实是为了锻炼你做大事的能力;让你在苦、累、难的岗位上摸爬滚打,是为了考察你有没有忠于职守的优秀品质。

忠诚的员工在任何工作岗位都能采取相同的工作态度,无论困难、容易、复杂还是简单,他们都会用同样的忠诚度去完成。

◆忠诚建立在服从的基础之上

没有服从,就谈不上忠诚。只有服从上级的工作安排,严格遵照指示做事,忠诚于每一项工作,才能确保企业的战略和设想被执行下去。如此,才能获得企业的青睐和重视。

"员工的天职就是服从",这是镌刻在美国 UBC 企业培训室中最醒目的警言!每一位员工都必须服从上级的安排,就如同每一个军人都必须服从上司的指挥一样,因为这是"忠诚度"的有效证明。

服从,意味着每一位员工都必须服从企业的整体利益,在这个大局的协调下,服从上级的具体工作安排,严格遵照指示做事。只有这样,企业的战略和设想才能确保被执行下去,业务流程得以正常运转。

但是在职场上,总有一些员工自命清高、眼高手低,往往只找简单、轻

给企业一个
舍不得你的理由

松的工作来做，而对上级安排的那些苦、累、难、险的工作推三阻四，不愿服从，这不只是个人心态的问题，说到底，就是忠诚度不够。

毕业于一所名牌大学的刘芸芸如愿以偿地被一家著名的外企录用。待她信心十足地准备开始自己的职场生涯时，却被告之新员工必须要到厂房车间去实习一个月，通过试用期后方可转正。

刘芸芸一心想象的工作环境是窗户明净、幽雅别致的办公室，工作之余悠闲地喝杯咖啡，所以听到企业这个安排时很受打击，心想："我堂堂名牌大学毕业生怎么刚一工作就要去厂房干活呢？"但为了保住这份工作，她还是听从了安排，下了车间。

就这样，刘芸芸开始了真正的车间工作。这些工作很简单，她做得还算得心应手，但由于每天都要重复同一个动作，时间长了她就对这份工作厌倦了，于是找到车间主任说这个工作强度有点大，自己身体不太好，能不能换一个比较轻松一点的活。

车间主任信以为真，很体谅地把刘芸芸换到了一个相对轻松的岗位。但是没多久，刘芸芸对这份工作已经彻底厌倦了，还是觉得很累，她又找到车间主任，要求再换一个岗位，主任还是很痛快地答应了她。

半个月下来，刘芸芸基本上尝试了车间里所有的岗位，但即使是最简单、最轻松的岗位，她也觉得累，开始对工作不认真，有时还偷懒……

第三个星期，主任叫刘芸芸到办公室，通知她被解雇了，并说出了自己的理由："车间工作是企业最基层、最简单的工作，你却总是不服从上级安排，对工作挑肥拣瘦，一点也没有服从意识，所以企业无法录用你。"

由此可见，只愿意做自己最喜欢的、最舒服的、最开心的工作，却不愿意做苦、累、难、险的工作，这也许只是个人心态的问题，但是对于企业、领导而言，这却是考验一个人是否忠诚的问题。

这是因为，忠诚决定着一个人的工作态度。如果一个员工总是频繁要

第 2 个理由
忠诚的员工是企业安全的保护伞

求换岗,对工作挑肥拣瘦,就会给企业留下不服从企业安排的印象,又怎能让企业放心地将工作交给他,对其委以重任呢?

所以,无论对待什么样的工作,员工都要有一个正确的态度,服从工作分配,吃苦耐劳,对工作忠诚,对企业忠诚。在企业看来,这样的员工"考虑事情周到,能吃苦,工作扎实",他便会乐意倾力扶持。

任何一个企业都不可避免地存在着一些工作环境脏、工作强度大、薪资待遇差的工作,众人只想暗自祈祷这差事别落到自己的头上。这个时候如果你愿意去做,不但能够得到企业的认同,而且能赢得同事的尊敬。如此一来,你的职业道路将会越走越宽阔。

不过需要注意这样一种情况,企业分配给你的工作确实是你不能够轻松完成的,难度很大,这个时候你一定不要退缩不前,而是要坚定自己的信念,勇往直前,敢于挑战困难,尽最大努力去完成。

要知道,只有挑战才会有成就。一旦你成功了,不仅能赢得企业和同事的赞许,还能让自己的能力有了一个突飞猛进的提高,这种认同感和成就感不正是你所追求的吗?

大学毕业后,小王和小马同时任职于一家大型的音像企业,担任技术专员。刚开始,两个人的工作表现没有太大的差别,可是半年后,小王晋升为组长,小马却被老板辞退了。这是为什么呢?

有一次,企业从德国进口了一套先进的采编设备,比企业现用的老式采编设备要高好几个档次。老板把小王叫到办公室,告诉他:"我们企业新引进了一套数字采编系统,我希望你能好好研究一下。"

小王一看说明书都是德文的,连忙推诿说:"我刚毕业没有经验,我觉得不太合适。一方面我对德语一窍不通,连说明书都看不懂;另一方面,我怕把设备搞出毛病来。您过段时间再给我,好吗?"老板很失望,于是又叫来了小马,没想到小马很爽快地答应了。

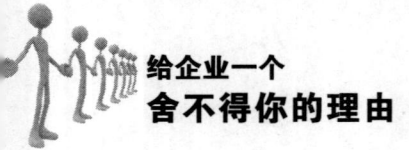
给企业一个
舍不得你的理由

接下任务后,小马就夜以继日地忙碌起来。他对德文也是一窍不通,于是就通过请教大学老师、在网上查阅资料等方法将其翻译成中文;在摸索新设备的过程中,他有很多不明白的地方,但他通过电子邮件向德国厂家的技术专家请教。短短一个月下来,他已经熟练掌握了新采编设备的使用方法。在他的指导下,同事们也都很快学会了。

知道小马不会让自己失望,因此老板总是把重要的、难度大的工作交给小马完成,而把一些无关紧要的工作交给小王。小马做得多、学得多,成为企业离不开的人;而小王做得少、学得少,自然成了多余的人,被辞退在所难免。

忠诚的员工不会对工作挑肥拣瘦,无论困难还是简单,他们都会坚决服从上级的指令,积极主动地完成工作。

服从分配,忠诚于每一项工作的员工更能获得企业的青睐和重视,同样也更容易获得成功。

◆业绩是忠诚最好的证明

企业需要忠诚的员工,更需要忠诚的员工创造出辉煌的业绩。员工不能总是强调自己的忠心,更应该积极为企业创造良好的效益,这是向老板证明自己忠诚于企业的最有说服力的方式。

现代社会是一个务实的社会,企业若想在这个竞争激烈的社会中维持生存与发展,为自己争得一席之地,必须依靠良好的效益,因此,对于企业

第2个理由
忠诚的员工是企业安全的保护伞

来说,它们需要忠诚的员工,更需要这些忠诚的员工创造出辉煌的业绩。

所谓业绩,是指员工工作中取得的成绩、成就,是员工履行岗位责任的成果,是员工一定时间内工作目标的实现程度,是员工在具体岗位上,做出与之相称的工作业绩的最起码要求。

无论你多么忠诚于企业,也不管你做了多大努力,只要你拿不出工作业绩,或者取得的工作业绩微乎其微,给企业创造的效益少之又少,那么你迟早是一枚被企业弃用的"棋子",没有任何一个企业愿意白养一个空谈忠诚的闲人。

徐星是一家家电企业的销售经理,想当年他与老板白手起家,辛辛苦苦奋斗了四五年才创办了这家企业。为了表达自己的感激之情,老板曾对徐星许诺,"只要你愿意留在企业,销售经理的位子就一直是你的"。

但是,这个诺言很快就被老板毁弃了。原来,在经济危机的影响下,企业的效益一日不如一日,老板决定要实行裁员了。徐星自凭对企业忠心耿耿,与经理是"铁哥们儿",认为被裁的可能永远不会落到自己身上,但结果却让他大跌眼镜。

徐星又羞又怒地找到老板,努力说自己对工作是如何忠诚,对老板是如何的忠诚,又有怎样的销售经验,怎么能够如此不公地对待自己。"难道您不认可我对工作的忠诚和销售经验吗?"他质疑道。

老板沉默了一会儿,直视着徐星回答:"我认可你对工作的忠诚和销售经验,我承认那是非常宝贵的,但你想过没有,这一年来你的工作业绩不是很好,甚至有些新员工都超过了你。空谈忠诚是没有用的!因为企业要发展,不能让任何人拖后腿。"

还能说什么呢?徐星只有黯然地离开了企业。

徐星的事例告诉我们:只用嘴说自己的忠诚,却没有给企业创造出业绩的员工,对于企业而言是没有任何用处的。因为没有业绩,企业就没有利

给企业一个舍不得你的理由

润;没有利润,企业就难以生存,一切都是空中楼阁。

因此,员工不能总是强调自己的忠心,更应该积极为企业创造良好的效益,给企业以实实在在的回报。要知道,良好的业绩是员工向企业证明自己忠诚于企业的最有说服力的方式。

某企业深圳分企业的董事长乌梅就是一个将忠诚与业绩紧密联系在一起,用业绩完美阐释忠诚,最终取得企业认可和重用的典型例子,现在我们就来看一下她的故事。

乌梅现在是深圳分企业的总经理兼总企业的财务经理。1999年,当企业刚开始开辟深圳市场时,乌梅坚定地对总企业的董事长说:"我忠诚于企业,相信我吧,我一定能干好!"表完忠心后,她并没有就此停止,而是开始了艰苦的创造业绩的历程。

当时,乌梅连"分销"的概念都不知道,她做的是简单的促销工作,自己做T恤衫,登报纸广告,印宣传单……俗话说,"万事开头难",当时的订单少得可怜,用货车送货很破费,乌梅就干脆坚持一次次亲自送货上门,为企业节约运输费。

渐渐地,乌梅的订单多了起来,她正式做起了分销商,常年在外跑业务。由于南方雨水多,乌梅鞋里常浸满了水,结果导致她脚趾变形,还得了类风湿;乌梅父亲去世时,她却被台风堵在机场……

乌梅想尽一切办法为企业创造业绩,第一年下来,200万元的合同她完成了700万元,获得了企业上下的一致表扬。当然,这些业绩也为乌梅带来了实实在在的好处。

如果你对自己的企业足够忠诚,那么就焕发出无与伦比的工作热情,为企业创造良好的业绩吧!你的业绩越好,越凸显你的忠诚,如此你也就为自己增加了砝码,更容易得到企业的倾力扶持,更接近成功!

第❸个理由
责任感让企业知道了员工的重要性

　　人们能够做出不同寻常的成绩,是因为他们首先要对自己负责。没有责任感的员工不是优秀的员工,要将责任根植于心,让它成为我们脑海中一种强烈的意识,在日常工作中,这种责任意识会让我们表现得更卓越。

　　职位越高、权力越大,其所肩负的责任就越重。责任感是无价的,责任意识会让我们表现得更加卓越。

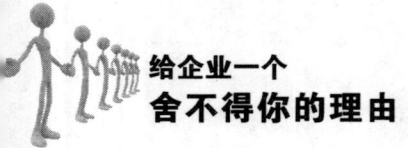

给企业一个
舍不得你的理由

◆你的工作就是你的责任

一位学者说:"不管我从事什么工作,就算是做扫大街的清洁工,我也要像贝多芬作曲、莎士比亚写剧本一样认真负责,让走在大街上的人们为我的工作而感到惊叹!"让我们把这句话作为共同的座右铭吧!

在社会中,我们每个人都要扮演不同的角色,每个角色都有相应的责任。工作同样如此。作为企业的一名员工,既然选择了工作,就意味着肩负起了相应的责任。

何为"责任"?

责任即"分内应做的事"或者说是"应尽的职责"。企业设置的一个个岗位构成了企业的整体运作,是企业运营过程中不可缺少的环节。我们在自己的岗位上,就要按照岗位的要求做好自己分内的工作,这是最基本的工作要求,是岗位责任所在。

西点军校有一句名言:"没有责任感的军官不是合格的军官,没有责任感的员工不是优秀的员工,没有责任感的公民不是好公民。"任何时候,我们都不能放弃肩上的责任,不管从事什么工作,我们都需要尽职尽责。

下面我们来看一个实例。

有一次,某企业代表团驾车到首尔洽谈生意。中途因为天气炎热,有一名代表主动提出给大家买饮料喝,因此代表团将车停在了路边,当时他们驾驶的是一辆现代汽车。

第 3 个理由
责任感让企业知道了员工的重要性

几分钟后,一对年轻夫妇的车停靠了过来,热情地问代表团成员,车辆出了什么问题,是否需要帮忙。

代表团成员说明情况后,这对年轻夫妇的男士主动递过一张名片,说:"我是现代汽车企业的一名职员,如果您的汽车有什么问题可以随时给我打电话,祝你们愉快。"然后,他就开车离开了。

事例中,代表团的车并没有坏,他们也没有打电话给现代车的维修部门,而这位男士也不是主管此车售后服务的人员,只是一名普通员工,如此强烈的责任感,真是令人叹服。

对工作负责的员工,愿意为了承担责任而付出额外的努力、耐心和辛劳,显得更值得信赖,也因此能获得别人更多的尊敬。现如今,员工是否具有责任感已经成为企业选人、用人、留人的一个重要标准。

如果你的工作不尽如人意,如果你尚未得到领导的重视,如果你没有被企业倾力扶持……那么,你一定要发自内心地问问自己:"对工作,我尽到责任了吗?我的工作令企业满意吗?我做得够好吗?如果好,我还能做得更好吗?"

小男孩博布在给米亚太太割草打工,工作了几天后,他打电话给米亚太太说:"您需不需要割草工?"

米亚太太回答说:"不需要了,我已经有割草工了。"

博布又说:"我会帮您拔掉草丛中的杂草。"

"我的割草工已经做了。"米亚太太说。

"那么,我会帮您把草场打理干净。"博布又说。

米亚太太回答:"真的谢谢你,我请的那人也已做了,我不需要新的割草工人。"

博布挂了电话,他的朋友非常不解地问:"真想不明白,你不是就在米亚太太那儿割草打工吗?为什么还非要打这样一个电话?"

给企业一个
舍不得你的理由

博布笑了笑,回答说:"我只是想知道我究竟做得够不够好!"

多问问"我做得好不好?"让我们在别人回答中知道我们有哪些地方做得不如意,哪些地方做得出色。

社会学家戴维斯曾说:"放弃了自己对工作的责任,就意味着放弃了自身在这个社会中更好的生存机会。"无论什么样的工作,只要你能够尽职尽责地去把它做好,你所做的事情就是有意义的,你就会获得尊重和敬意。

在行车途中,有一名公交车司机突发心脏病。在生命的最后一分钟里,他做了三件事:第一,把车缓缓地停在马路边,并用最后的力气拉下了手制动闸;第二,把车门打开,让乘客安全地下了车;第三,将发动机熄火,确保了车、乘客和行人的安全。

极其艰难地做完了这三件事后,司机便安详地趴在方向盘上停止了呼吸……这种对工作的责任,让所有的大连人都记住了他——大连市公交汽车联运企业702路4227号双层巴士司机黄志全。

黄志全在生命的最后一刻依然出色的完成了自己的工作,保证车上乘客的安全是黄志全对工作、对乘客、对自己最负责任的表现。

每个企业都很清楚自己最需要什么样的员工。哪怕你是一名做着最不起眼工作的普通员工,只要你担当起工作的责任,你就是企业最需要的员工,你就有可能被赋予更多的使命,就有资格获得更大的荣誉。

相反,如果你的责任感缺失,甚至将负责当做儿戏,认识不到责任感对于工作的重要性,认识不到责任感是需要倾尽一个人的心力去做的事,那么与之相伴的,则是碌碌无为,甚至导致悲剧的发生。那些涉及部门众多、质量要求极高的大型工程,不管是其中哪个环节出了问题,哪怕是极小的问题,都有可能危及整个项目的安全,所产生的后果甚至是毁灭性的,这就要求身在其中的每个工作人员都必须时刻保持高度的责任心。

这里有一个让人看后心情沉重,而又引以为戒的故事。

第3个理由
责任感让企业知道了员工的重要性

40年前的一天,巴西桑托斯的海顺远洋运输企业收到"环大西洋号"海轮发出的求救信号后,马上派人前去营救。可是,当救援船赶到出事地点时,"环大西洋号"已经消失了,21名船员也不见了,海面上只漂着一个救生电台,还在有节奏地发出求救的摩氏码。

望着平静的大海,救援人员一直发着呆,他们实在不明白,这么一艘先进的海轮居然会在这么平静的大海上出事。这时,有一个救援人员发现电台下面绑着一个密封的瓶子,他打开瓶子,发现一张工作记录表,21种笔迹是这么写的。

一水手理查德:3月21日,我在奥克兰买了一个台灯,想给妻子写信时照明用。

二副瑟曼:我看见理查德拿着台灯回船,说了句这个台灯底座轻,船晃时别让它倒下来,但我没干涉。

三副帕蒂:3月21日下午船离港,我发现救生筏施放器有问题,就将救生筏绑在架子上。

二管轮安特耳:我检查消防设施时,发现水手区的消防栓锈蚀,心想还有几天就到码头了,到时候再换。

船长麦凯姆:起航时,工作繁忙,没有看甲板部和轮机部的安全检查报告。

机电长科恩:3月23日14时,我发现跳闸了,因为这是以前也出现过的现象,没多想,就将闸合上,没有查明原因。

电工荷示因:晚上值班时,我跑进了餐厅。

……

看完这张绝笔纸条,救援人员谁也没说话,海面上死一样沉静,大家仿佛清楚地看到整个事故的过程:火灾从理查德的房间引发,消防栓不起作用,救生筏放不下来,一切都不起作用了。

给企业一个
舍不得你的理由

"环大西洋号"海轮上的每个人对工作都缺少了那么一份责任心,结果酿成了船毁人亡的大错。为了引以为戒,海顺远洋运输企业在企业门前,特立下了一块高5米宽2米的石碑,铭刻下了这一份最后的工作记录表。

试想,从水手理查德到瑟曼,到帕蒂,到管轮安特耳,到船长麦凯姆,到机电长科恩,到电工荷示因等,如果上述中的任何一个人有点责任感存在的话,这场惨剧就可以完全避免。一次责任感的缺位,致使21名船员付出了生命的代价。

选择了工作,就意味着选择了责任。如果你想让自己更出色,想让自己更受欢迎,不愿意拿自己和他人的人生开玩笑,就绝不能轻率对待自己的工作,就必须对工作保持强烈的责任感,切切实实地承担起责任来!

◆负责从脚踏实地开始

很多人都期待着在职场上大显身手,恨不得一夜之间就做出一番事业来。这种热情和理想是很好的,但要想成功,需要我们负责任地把手头的每一件工作都踏踏实实地做好,一步一个脚印地去实践自己的职业理想。罗马不是一天建成的,升职加薪也不是天天都有的机会,要想在职场上出人头地更不是一朝一夕之功。

不积跬步,无以至千里;不积小流,无以成江海。自古以来,人们都强调做事要脚踏实地、知行合一。很多时候,人们都习惯空谈责任这个词,却不能脚踏实地地去做事。无论是企业的成功还是员工个人的成长,光有空想

第3个理由
责任感让企业知道了员工的重要性

或者口号，或者仅仅有一个负责的要求是不行的，要达成目标，要做到对工作真正负责，就必须从脚踏实地开始。有句名言说："我相信你能够立于天地之间，但必须从脚踏实地做起。"

在肯德基准备进入中国市场之前，企业首先派了一位代表来中国考察市场。他来到北京之后，看到街道上人头攒动的热闹场面，顿时信心大增，仿佛看到了肯德基进入中国市场之后财源滚滚的美好前景。因此，他没有再去做细致的调查工作，就认定这个巨大的市场必将适合肯德基的发展。

带着这份美好的想象，他马上回到企业向上级描述了这个巨大市场的美好前景。上司仔细询问了他的工作情况之后，明白了他并有做出详细缜密的调查，因此，还没等听完汇报就停了他的职，而且另派了一位代表来接替他。

新代表是一个脚踏实地的人，他来到北京之后，进行了大量的实地走访。他先在几条主要街道观测了人流量，之后，他还请不同年龄、不同职业背景的人对他们企业的炸鸡进行品尝，并详细询问了他们对炸鸡的味道、价格等各方面的意见。

除了这些工作，他甚至还对貌似跟他们不相干的北京的油、面、蔬菜、肉等生活日用品进行了广泛的调查，走访了许多生产鸡饲料的厂家询问价格和销售情况，最后他将这些非常翔实的数据做成报告带回了总部。

根据这些资料，企业有针对性地制订了进军中国市场的计划，然后让这位代表带领一个团队来到北京。从此，肯德基打开了中国这片巨大的市场。

肯德基要打入中国市场，光有大口号、大志向是不够的，首先要做好前期的市场调查工作。这个工作的重要性不言而喻，可以说考察结果直接决定着企业的战略方向和经营计划，因此，脚踏实地地获得真实有效的各种数据资料就成为考察代表最重要的责任。

虽然两位代表的任务都是考察市场，为肯德基进入中国市场提供参考资料，但是在对待自己责任时的表现却有很大差别。第一个代表只是满足

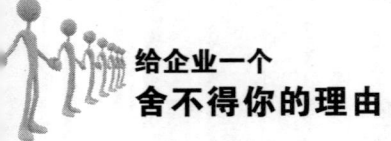

给企业一个
舍不得你的理由

于看到了表面现象,并未实实在在进行细致考察,就兴高采烈地回复上司去了,如果没有详细的数据,在炸鸡的价位、材料的采购和店铺的选址上就是一个未知的黑洞,也会因为这个未知的黑洞数据导致计划失败;第二个代表则踏踏实实地去行动,从而圆满完成了自己的任务,做到了真正地对工作负责。

一个人在职场上到底能够走多远,能达到什么样的成就,归根结底还是要靠自己。不要迷信什么奇迹,未来就掌握在脚踏实地做事的人手中,一步一个脚印地对待自己的工作是对负责最好的注解。要想取得出色的成绩,要想在职场路上走得更远,我们就要脚踏实地,用负责的态度和工作成绩为我们的成功奠定基础。

有些人在工作中很有创意和能力,但是缺乏务实的精神。他们无法静下心来做好手头的每一件事情,总是停留在纸上谈兵阶段,不能把责任实实在在地完成,尽幻想着一步登天。这样的人非常可惜,他们虽有想要成功的头脑和能力,却缺乏成功所必需的责任心和脚踏实地的工作态度,所以,他们的理想注定只是永远捞不起来的水中之月。

杰克·韦尔奇是通用汽车集团原董事长兼CEO,他被誉为"最受尊敬的CEO"、"全球第一CEO"、"美国当代最成功最伟大的企业家"。2004年在北京举办的"杰克·韦尔奇与中国企业高峰论坛"上,一位中国的企业家曾这样问杰克·韦尔奇:"我们大家知道的都差不多,但为什么我们与你的差距那么大?"

杰克·韦尔奇的回答是:"你们知道,但是我做到。"

这个答案简单得出人意料,但却道出了成功的真谛:负责不仅需要知道自己的责任,更要脚踏实地地去做!

在工作中只有把负责落到实处,踏踏实实地用实际行动把口号变为现实,才能真正尽到自己的岗位职责,为企业创造价值。如果每一个员工都能

第3个理由
责任感让企业知道了员工的重要性

在自己的岗位上真正负起责任来,脚踏实地地把工作做好,何愁工作没有业绩?何愁企业没有效益?又何愁自己在职场上没有前途呢?

在企业中,能够脚踏实地工作的员工更有责任感,他们对工作和企业的负责是能够真正付诸行动的。只有以这样务实的工作态度,才能用积极的心态面对工作中的各种困难,不论事情简单还是复杂,都能抛弃浮躁、摒弃幻想,一丝不苟地去完成工作,始终坚定不移地向着自己的职业目标迈进。这样的人,必然能够享受到实现自己职场理想后的快乐。

◆推卸责任是职业人的大忌

很多企业部门之间遇到问题,立刻互相踢皮球。责任不是皮球,不能踢来踢去。当我们的工作赋予我们使命后,应该担负起责任的重担,负责到底。

下面是一个小寓言故事。

在一个深夜里,3只老鼠结伴去偷奶油喝。可是奶油缸非常深,奶油又在缸底,它们只能闻到奶油的香味,根本喝不到奶油。于是,它们经过一番商议,最终达成一致意见:采取叠罗汉的办法,一个咬着一个的尾巴,轮流下去喝油。

最先下去的老鼠想:"奶油这么少,不如我自己跳下去喝个痛快,让他俩等下次再喝吧。"夹在中间的老鼠想:"我得使劲往油缸靠近,这样我也就能喝上奶油了。"最下面的老鼠想:"等它们两个吃饱喝足了,哪里还有我的

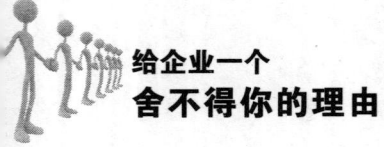
给企业一个
舍不得你的理由

份儿?"3只老鼠一分神,一起跌倒了,响声惊动了猫。一声断喝,它们仓皇而逃。

回到窝里,它们立即召开会议,分析和查找这次行动失败的原因,并追究这次行动有关老鼠的责任。

最上面的老鼠说:"我没有喝到油,刚碰到瓶口,因为我下面的老鼠动了一下,所以,我没有责任。"

中间的老鼠说:"我是动了一下,可也不能怪我呀,那是因为我下面的老鼠它抽搐了一下,我实在没办法呀,而且是你主动松手了,所以,我没有责任。"

最下面的老鼠说:"我的确抽搐了一下,我是听到门外有猫在叫啊,你说我能不抽搐吗?再说了,你们两个太重了,我怎么能撑得住啊,所以,我没有责任。"

三只老鼠吵得一塌糊涂,最后经过一番讨论,一致认为:"责任不在老鼠,而在那可恶的猫。"

这个故事看起来很滑稽。遗憾的是,在很多员工中,这样的故事时有发生。一旦工作出现问题了,人们往往不是敢于承担责任,而是像踢"皮球"一样,相互责怪,相互推卸责任。

说到这里,我们不得不思考,责任是什么?在前面的章节中,我们已经了解到责任就是工作使命,那么推卸责任就是推卸工作使命,有哪个企业会把重要的职位交给一个推卸工作使命的人呢?

社会学家戴维斯说:"自己放弃了对社会的责任,就意味着放弃了自身在这个社会中更好的生存机会。"同样,如果一个员工放弃了对工作的责任,也就放弃了在企业中获得更好发展的机会。

更糟糕的是,推卸责任的行为就像瘟疫一样,是会传染的。你不承担责任,我不承担责任,相互推托和懈怠,那么会使得问题更加复杂,不仅会贻

第3个理由
责任感让企业知道了员工的重要性

误最佳战机,更会损坏企业的利益,企业怎么可能做大做强呢?

在这个世界上,每个人都扮演了不同的角色,每一种角色又都承担了不同的责任。作为企业的一名员工,理所当然要去承担属于自己的那份责任,不应该像皮球一样把它踢来踢去。

责任是每个人必须认真履行的,据说美国前总统杜鲁门当选总统之后,在其白宫的办公室墙上悬挂着一幅标语,上面写着:"Book of stop here(问题到此为止)",这就是不将责任推卸给别人、主动承担工作责任的表率。

职场需要主动承担责任的人。当某项工作的进展遇到麻烦或者结果不符合要求时,你的第一反应应该是主动承担责任,不要推卸责任给别人,这样才能赢得企业的尊敬和荣誉。

石磊是一名大四的学生,毕业后就开始在一家建筑企业实习。令不少人艳羡的是,石磊仅仅用了一个月就从实习期转为正式期,而且深得企业经理的器重,目前已经被视为储备干部进行培养,这要源于一件小事。

刚上班,恰逢当时是工程全面开展的时期,于是,石磊就被安排到工作第一线——施工现场承担技术方面的工作。施工现场的条件非常艰苦,工地的道路全是土路,一遇刮风下雨就风沙弥漫,脚下的路更泥泞难行。

那天,经过一天辛苦的工作,大家也都非常劳累了,石磊和同一宿舍的同事们也早已进入了梦乡。深夜,突然天气骤变,电闪雷鸣,不一会儿便下起了倾盆大雨。突然,门外响起急促的敲门声,有人喊道:"工地基坑边坡有一部分滑坡了!"

石磊翻身坐起,迅速披上外套,穿好鞋子,戴上安全帽,拿起雨伞和手电,准备出去。同事不解地问:"我们打地基时质量是非常合格的,肯定是那看管工地的人忘记盖地基了,那是他的责任,关我们什么事。"听了同事的话,石磊坚决地说:"这是我们的责任!"说完,打开屋门,便大步走了出去。由于石磊的及时帮忙,地基免遭了更大的破坏。

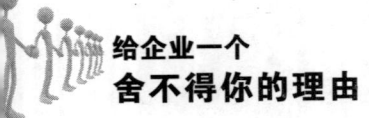

第二天,经理赶到了工地,责问此事。看管工地的工人说地基质量不合格,其他施工工人气愤不已,纷纷打保证地基质量非常合格,而这时石磊站出来说:"地基质量的确合格,但既然出现了问题,我们就有责任,我愿意承担责任。"

听到石磊此言,经理露出了赞许的微笑。

可以看出,不将责任推卸给别人,意识到自己的责任,承担起自己的责任,就能为自己争取到更多的成功机遇,让自己步步高升。责任感是一个人在企业立足的重要资本,是从平庸走向出色的关键。

◆别让抱怨掩埋了责任

抱怨是懦夫的行径,凡是工作和生活中的勇者,都是不抱怨、敢于负责任的智者;抱怨也是愚蠢者的语言,因为抱怨根本无益于问题的解决,相反,还会转移你的注意力,使你不能集中精力考虑对策。

在职场中,总有一些人整天发着牢骚:"我都来企业这么久了,还没涨工资""这又不是我一个人的错,凭什么扣我的奖金?""真没劲,不想干了。"……

抱怨的人一定是想着加薪、升职的人。遗憾的是,他们的这种期望是不可能实现的,因为"抱怨"给他们的成长与晋升之路设置了障碍,而在抱怨背后,暴露的也正是他们自身最大的弱点:没有责任心!

很多时候,问题并不是因为工作不好做,而是因为心态不好。如果你总

第3个理由
责任感让企业知道了员工的重要性

是抱怨客观环境,而不是发自内心地去重视一份工作,尽职尽责地将它做好,那势必就会感到厌烦,进而心生懈怠。

请记住一句箴言:没有值得抱怨的工作,只有不负责的人。

就算你从事的是最平凡的职业,如果你能够消除抱怨、全力以赴、尽职尽责地努力工作,那么你同样能成为一个优秀出色的员工。

炸薯条这种食品在17世纪的时候风靡法国,深受当时美国驻法大使托马斯·杰斐逊的喜爱,于是他就把制作方法带到美国,并在蒙蒂塞洛把炸薯条当做一道正式晚宴菜肴招待客人。

当时,美国纽约的一家餐厅提供这种正宗的法国式炸薯条,这家餐厅身处一流的度假胜地,到那里就餐的都是一些有身份的人,他们不是名流就是富豪。乔治·柯兰姆是这家餐厅里的厨师,他一直都严格按照标准的法国尺寸来制作薯条,这道菜很受客人的欢迎。

有一天,一群富翁到乔治所在的餐厅就餐,其中有位客人非常挑剔,他一直抱怨薯条切得太粗,影响了他的胃口,因此拒绝付账。为了让这位富豪满意,乔治又重新做了一份,这次切得细了一些。可是,那位客人仍然不满意,还是抱怨薯条太粗了。

周围的服务员私下里都在抱怨那位客人不讲理,替乔治感到委屈。乔治心里自然也不高兴,但他是个有责任心的人,既然自己是厨师,那就要让客人吃得满意,这是他的职责所在。

于是,乔治再一次回到了厨房,这次他将马铃薯切得很细很细,细到一炸之后又酥又脆,这样的做法已经与正宗的法式炸薯条标准大相径庭了。不过,乔治心想,既然是客人要求这样做的,自己就应该满足他。

看到闪着淡黄色油光的薯条,客人非常满意。更有意思的是,其他的客人也纷纷要求乔治为他们制作这样的薯条。因为马铃薯需要手工削皮和切条,所以很考验厨师的刀工,但是乔治本着对工作负责的态度,一一满足了

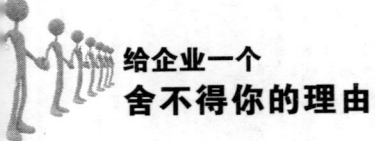

客人们的要求。

自此之后,这种"超细"的薯条便很快风靡了起来。后来,乔治开了一家属于自己的餐厅,并将这种薯片作为餐厅的招牌菜品,这一举措使他赚了个盆满钵满。现在,细细的薯条成了世界上销售量最大的零食,而这个薯条的发明者乔治也名垂青史。

一个人如果有强烈的责任心,那么即便一件事只有很小的希望,最后也能够变成现实。责任是员工强有力的工作宣言,是能够胜任工作的保障,一个人是否具备责任感,具备多强的责任感,也决定了他在工作中成就的大小,职场中地位的高低。

别总抱怨工作处处不如意,抱怨之前,员工需要扪心自问一下:自己为这份工作付出了多少?是否一直都以高度的责任感来对待?有没有投入百分之百的努力?一个真正负责任人的人,永远都不会用抱怨为自己的工作作注解。

企业聘请你来担任某一个职位,或者安排你从事某项工作,他的目的不是听你发牢骚,诉说工作中有多少麻烦和困扰,他是请你来解决问题、创造价值的。想要获得企业的肯定,实现自我的价值,首先要做的就是承担起你应负的责任,收起你的抱怨,做个敢于担当的人。一个只会抱怨,连本职工作都无法承担的人,又怎么能获得企业的器重呢?

人生是一条荆棘密布的小路,到处都可能隐藏着陷阱,我们不知道何时何地会遭遇怎样的挫折。不过,有挫折并不可怕,关键看你如何面对。态度不同,结果就不同。负责任的人不会抱怨,只会把挫折当成一种另类的财富。那些在职场上取得瞩目成就,最终成功地实现了自己人生价值的人,无不经历了重重磨难,他们跌倒了又爬起来,屡战屡败,又屡败屡战,最终闯过艰难险阻,走向成功。

工作中遇到的各种困难和烦恼,其实都是对人生的历练。玉不琢,不成器,要想在职场中褪去束缚你发展的外衣,就要经历处处不如意的痛楚,如此才能破茧成蝶,占领人生的高地。不经历风雨,怎么见彩虹?面对让你烦心的种种,你何不收起抱怨,代之以责任感、进取心呢?唯有如此,这些磨难才能助你走向成功,成为对你有用的财富。

◆不找借口,用方法解决问题

在职场上,没有人能随随便便成功,借口再多,也增加不了业绩,对工作中的责任不能勇于担当,而是一味寻找借口,会成为办公室里的"害群之马",任何一个企业都不喜欢自己的团队里有这种人存在。

有的人在工作中总是不能按时完成任务,若问其原因,他会理直气壮地给出很多理由:

"这太难了,一点办法都没有。"

"我能力有限,实在没办法。"

"唉,我太倒霉了,要不是遇到难题,早就搞定了。"

……

这样的人不是认为自己没有好的机遇,就是认为父母和家庭没能给自己提供一个好的平台,动辄责怪他人,觉得是别人的错,觉得领导安排自己去做一个"不可能完成的任务",觉得领导跟自己过不去,领导责备自己事情办得不够完美漂亮是妒忌自己的才能……

这些人其实是在推卸责任,为失败找借口。

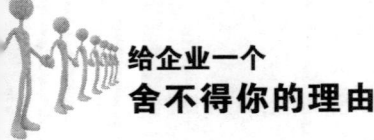

给企业一个
舍不得你的理由

借口任务太困难是没有担当的表现,困难就像弹簧,你强它就弱,你弱它就强。每个人都该对自己的工作负责。工作中会遇到很多困难,有时候甚至看似无解,但是面对困难,如果选择一味地逃避责任,不敢挑战自己,不敢迎难而上,是无法激发自己潜力,取得大成就的。如果缺乏面对困难任务的责任心,就无法高质量地完成领导交付的任务,还会降低工作的积极性和创造性,对工作敷衍了事。这种做法,只能导致一个结果:工作做不好,得不到重用。

其实,很多时候困难是与机会为伴的。在工作中,员工应该抱着负责的态度,充分认识到工作中各种困难的积极作用,把克服困难当成锻炼自己能力、促进自己发展的契机,这是彻底消灭"工作太难"借口一个很重要的方法。

天圣二年(1024年)秋,兴化县令范仲淹率领来自四个州的数万民夫,奔赴海滨,修筑大堤,但治堰工程开始不久,便遇上夹雪的暴风,接着又是一场大海潮,吞噬了一百多民夫的生命。

一部分官员认为这是天意,堤不可成,主张取缔原议,彻底停工。事情报到京师,朝臣也踌躇不定,而范仲淹则临危不惧,坚守护堰之役。大风卷着浪涛冲到他腿上,兵民们纷纷惊避,官吏也惊慌失措,范仲淹却没有动。

范仲淹说,捍海治堰虽危险,但是为了千万百姓的日后完全,我们要坚守住这个岗位,完成现在的工作。大家要保持战斗力,只有保持了战斗力,才能战胜暴风,铸成大堤。

说完他有意看看身旁的同年好友滕宗谅,滕宗谅从容地站在旁边看着远处的工程。大家发现他两人泰然自若,情绪都稳定下来,都充满了战斗力。

不久,绵延数百里的悠远长堤,便凝然横亘在黄海滩头。盐场和农田的生产,从此有了保障。往年受灾流亡的数千民户,又扶老携幼,返回家园。人们感激兴化县令范仲淹的功绩,都把海堰叫做"范公堤"。兴化县不少灾民,

第3个理由
责任感让企业知道了员工的重要性

竟跟着他姓了范。至今兴化仍有范公祠遗址,至今,范仲淹仍为父老怀念。

海尔集团首席执行官张瑞敏说:"不是因为有些事情难以做到,我们才失去了斗志,而是因为我们失去了斗志,那些事情才难以做到。"

带着责任心去工作,不是一句口号,而是一种务实的态度。怀着这样的心态做事,才能够对工作中的困难不逃避、不退缩,在困难面前才不会再找"这太难了,一点办法也没有"这样消极的借口。勇于承担自己的责任,才能够开动脑筋,想出更好的创意,发现别人难以发现的问题,做到别人难以做到的事情,进而让企业发现你的才能,最终实现自己的目标。

如果你总是逃避责任,遇到困难就找借口退避三舍,不敢承担,那么企业自然会认为你没有担当,这样一来,晋升之路也就被自己堵死了。企业给员工安排工作,并不是天马行空,企业会参照员工的能力来确定任务,他不会给你一个远远超出你能力之外的任务,白白浪费人力物力的。既然让你去做,企业就觉得你能做好,即使有困难,通过你的努力也应该能够完成,因此,找借口逃避困难是尤为不智的。试想:如果你是领导,一个连本职工作都要找借口逃避的人,你可能将重任交给他吗?

职场上的成功者不需要编制任何借口,因为他们面对困难能担当起责任,不怕迎接任何大的挑战,能勤奋努力地工作。如此,再难的工作任务也能完成。记住:没有过不去的坎,办法总比困难多,与其找借口逃避,不如想个办法再试一次,再坚持一下,也许成功之门就会为你开启。

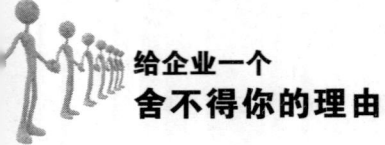
给企业一个
舍不得你的理由

◆有些事不必等领导交代

　　有些人在工作中就像是木偶,拨一拨,转一转,不拨就一直在原地不动。企业给个人的职场发展提供了一个舞台,在这个舞台上如何表演很大程度上取决于自己,企业只能指出一个前进的方向,职场人生的最终走向还是要靠自己决定。

　　如果事事都被动地等待领导的吩咐,不敢主动承担一点责任,那么供你表演的舞台就会越来越小,最终你就会沦为配角或者看客,失去你的位置。要想在职场上获得更大的空间,那么在责任面前就不要置身事外,有些事情需要自动自觉地去做,不要一切工作都等着领导交代。

　　艾伦是诺基亚企业成千上万员工中的一名,入职以来,他一直在手机研发部负责设计和改进手机机型的工作。

　　每天,艾伦都机械地完成主管安排给他的任务,按部就班地过着日子。过了一段时间,艾伦觉得自己一点工作主动性都没有,每天做完主管安排的工作以后就无事可做,有时甚至会剩下半天的闲暇时间。他觉得这样浪费时间很不负责任,于是他想给自己另外找些工作来做。

　　一位同事了解了艾伦的想法后,劝他说:"现在我们的诺基亚手机已经是世界著名品牌了,不管是技术性能,还是外观形象,都已经达到了一定的高度,要想再有一个质的飞跃是很难的。况且,企业又没有给我们安排新的设计任务,你又何必做费力不讨好的事情呢?"

第3个理由
责任感让企业知道了员工的重要性

虽然同事说得有些道理,但艾伦每日里除了完成企业下达的任务以外,总是主动而努力地做些工作。他满脑子考虑的都是如何做一个新的设计,再让诺基亚有一个质的飞跃,以便符合消费者的需求。

艾伦经过认真考察发现,当时几乎所有的时尚男女都佩戴着手机、一次性相机和袖珍耳机,于是他想万分惊喜,立即按照这种想法研制具有拍摄和收听音乐功能的手机。很快,这种手机研制成功了,它一推向市场,就大受消费者的青睐,并且很快风靡了全世界。艾伦的职场生涯也因此变得充实而充满成就感。

企业的兴衰关系到每个人的发展,不要认为企业的事不是自己的事,这样只会分裂个人与企业的距离。企业发展了,每个员工都会受益;如果企业不幸倒闭了,那么员工也要卷铺盖走人。

工作时,应该积极主动地投入到工作中,而不是事事等待领导吩咐,被动地接受指令,变成木偶。事事等待领导交代的人,很容易成为"按钮式"员工,每天按部就班地工作,但工作时却缺乏活力,少了创新精神,仅仅满足于做好领导交代的事情,对于"分外之事"他们视而不见,充耳不闻,哪怕油瓶倒了他们也不会伸手扶一扶。这种工作方式很明显失去了人的主观能动性,把自己仅仅当成会说话的"工具"。

美国标准石油企业曾经有一位小职员叫阿基勃特。他在出差住旅馆的时候,总是在自己签名的下方,写上"每桶4美元的标准石油"字样,在书信及收据上也不例外,签了名,就一定写上那几个字。他因此被同事叫做"每桶4美元",而他的真名倒没有人叫了。

企业董事长洛克菲勒知道这件事后说:"竟有职员如此努力宣扬企业的声誉,我要见见他。"于是邀请阿基勃特共进晚餐。

后来,洛克菲勒卸任,阿基勃特成了第二任董事长。

在签名的时候署上"每桶4美元的标准石油",洛克菲勒并没有交代这

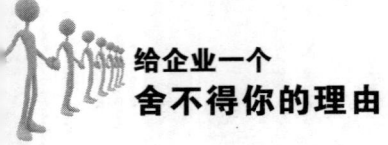

样的任务,但阿基勃特却主动地做了。也许在他看来,身为标准石油企业的职员,无论职务高低,都有为企业的产品做宣传的责任和义务。

企业团队是由每个员工组成的,企业的命运跟每一个人都密切相关,团队中的每一个成员都应该贡献自己的全部力量。不要事事等领导亲自处理,要在领导想到之前完成。

在竞争异常激烈的职场中,落后就要挨打,主动才可以占据优势地位。我们的事业,是我们自己创造的,勇于担当就能获得更多的机会。工作中,员工应该多想想"我还能为领导做些什么",把它看成锻炼自己的机会,积极主动地行动起来,找机会为企业创造额外的财富。这个过程能够提升员工的个人能力和价值,让领导觉得这样的员工物超所值。

如果什么事都需要领导来吩咐你做,那么,你的职场生涯便充满了危机,这样的人肯定是提拔在后、解雇在前。

李开复曾说:"不要再只是被动地等待别人告诉你应该做什么,而是应该主动地去了解自己要做什么,并且规划它们,然后全力以赴地去完成。想想在今天世界上最成功的那些人,有几个是唯唯诺诺、等人吩咐的人?对待工作,你需要以一个母亲对孩子般那样的责任心和爱心全力投入,不断努力。果真如此,便没有什么目标是不能达到的。"记住,企业和领导只会给你提供舞台,能演出什么精彩的节目、获得多少喝彩和掌声则需要自己的努力付出。

责任面前,不要再置身事外,有些工作不必再等领导交代。拿出员工应有的责任心来,主动去做领导没有交代的事情,并把这些事做好,这也是锻炼自己的机会,是实现个人价值的有力保证。

第 3 个理由
责任感让企业知道了员工的重要性

◆责任心决定着你的成就

英国前首相温斯顿·丘吉尔曾说:"伟大的代价就是责任。"在政坛上如此,在职场上亦如此。可以说,一个人只有表现出高度负责的精神,才会赢得企业的赏识和重用,员工担当的责任愈大,取得的成功也就愈大。

许多员工没有完全认识责任的重要性,很多人在工作中不愿多付出一丝努力,不愿多做一丁点儿事情,不愿意多承担一点儿责任。他们错误地认为,多承担责任只会"便宜"了企业,而不会为自己带来什么,自己只是白白"吃亏"。

其实,真正有责任心的员工不会怀有这样的想法,多承担责任不是犯傻,而是对企业和自己都有利的做法,很多人可能只看到了成功人士风光无限的一面,却不清楚他们为此担负了比他人更多的责任,付出了更多的努力和代价,才换来了今天的荣耀。

有两个年轻人,小 F 和小 D,大学毕业后他们同时进入一家民营企业工作。小 F 分在广告设计部门,小 D 则被安排在财务部门。

刚开始的时候,两个人的工作表现没有太大的差别,因为他们毕竟都是刚刚踏入职场,工作能力是差不多的。但是小 F 仅仅是循规蹈矩地完成上司交给自己的任务,就死活不再做哪怕丁点儿的事情了,结果给人留下了推诿、逃避工作的坏印象;而小 D 则总是在完成自己的工作之后,尽量

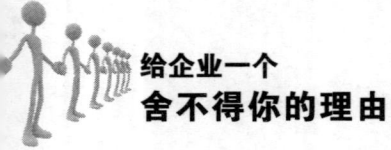
给企业一个
舍不得你的理由

自己找事情做。因此他经常忙得不可开交,而小 F 则优哉游哉地过着"滋润"的日子。

有一次,小 D 主动去帮小 F 所在部门的一名员工去整理宣传材料,小 F 趁同事不注意的时候嘲笑小 D:"你真是个二百五,我跟他在一个部门都不帮他,你瞎操什么心啊?你多干了这么多活,有什么用呢?工资还不是跟我一样,整天累得要死,你图什么啊?缺心眼!"然而,小 D 只是笑笑,依旧主动做着他力所能及的事情。

半年之后,整个企业进行工作考核,小 D 的业绩大家都非常满意,在考虑培养新的干部的时候就连其他部门的很多员工都纷纷找到主管推荐小 D。这让主管大为惊讶,于是他详细了解了小 D 平时的工作情况,果断地提拔他做了自己的副手。而小 F 因为平时总是只做自己手头上的事情,不肯多承担一点点责任,结果同事们对他都有意见,主管很干脆地把他辞退了。

一个人能做出多大的事业,往往取决于他有多大的责任心。小 D 在工作中愿意承担更多责任,因而获得了更多的发展机会,而小 F 不肯多做一点事情,结果成了企业里多余的人。一个人承担的责任越多,他的价值也就越大,得到的回报也就越多;反之,企业就会觉得这个员工价值不大,不会重视他,既然他不愿意承担更多的责任,那么有他没他都一样,那还养着这样的员工干吗呢?

我们每个人都要警惕,不要让自己成为不能承担更多责任的"废物"而被企业扫地出门。在完成好本职工作后,问问自己:"我还能承担什么责任?"然后,积极主动地找事做,这样,就会为自己带来更多的发展机会。

艾伦所在企业的某位主管突然病了,他住进了医院丢下了一大堆没有处理完的事情。老板已经跟几个部门经理谈过这件事情了,想在他们中选一个出来暂时接管那个部门的工作,可他们都以手中的工作非常忙或者对那个部门的业务一点都不了解为由推辞掉了。

第3个理由
责任感让企业知道了员工的重要性

于是，老板问艾伦是否能够暂时接管这一工作。其实，艾伦也十分忙，尽管有些为难，但是他认为老板既然让自己承担这个责任，就是认定自己能够胜任，自己不过就是更加劳累一些罢了，于是，他当即接管了那个部门的工作。

整整一个月的时间，艾伦忙得都没有时间歇口气。但是，艾伦最终很好地承担起了这份责任，把自己的部门跟那个部门的事情都处理得井井有条。后来那位主管回来了，对艾伦非常地感谢，并且极力在老板面前夸奖艾伦对企业有责任心。

后来，老板要去开拓其他业务，就毫不犹豫地提拔艾伦做了总经理，全权负责原企业的一切事务。

很多时候，领导把你责任之外的任务交代给你，就代表领导器重你。这时候，千万不要推脱埋怨，这是一个不可多得的机会。如果你能达到企业的要求，相信你的分量就会在领导的心里加重；如果你用这样那样的借口拒绝承担，那么你在领导心里的印象就会一落千丈，即使有了升职加薪的机会，你还能指望他留给你吗？

当然，一个人担负的责任愈大，那么也就意味着付出就会愈多，这也是许多人不愿意担负更多责任的主要原因。还有一些员工，对自己的能力不自信，总觉得自己胜任不了。其实，人是在锻炼中成长的，只有不断承担更多的责任，才能不断地超越自我，提升自己的价值，使自己逐渐胜任更多的工作。

美国前总统肯尼迪有一句名言："不要问国家能为我们做些什么，而要问我们能为国家做些什么。"作为一名员工，我们也要明白同样的道理，要想着我们能为企业多承担一些什么，只有这样，才能更快地提高自己的职业能力，在机遇到来的时候才能不让它溜走。

给企业一个
舍不得你的理由

◆客户眼中的小事是员工心中的大事

当今社会竞争日益激烈,商场就如战场一样残酷。企业或员工稍有懈怠,便有可能被超越或者淘汰,成为"沉舟侧畔千帆过"里的那只沉船,眼睁睁地看着别人成功,自己品尝失败的苦果。

"客户是上帝",不是一句空洞的口号。要想始终赢得客户的青睐,为企业争取最大的利益,就要用负责的心态为客户解决一切问题。哪怕是客户自己都不是特别在意的小事,你也要放在心上,及时地发现并解决。只有这样,企业才能站稳脚跟,逐步发展,而你才能得到更多的发展机会。

企业的发展状况与员工个人的利益和发展密切相关,因此,每个员工都要清楚:关注小事是自己应尽的责任,只要是关系到客户的事情就没有小事,对自己的岗位负责任就是要把客户的事情解决好。

1971年,伦敦国际园林建筑艺术研讨会上,迪斯尼乐园的路径设计获得了"世界最佳设计"称号。当时迪斯尼乐园的总设计师是格罗培斯,迪斯尼的路径设计获奖后,许多记者去采访这位大名鼎鼎的设计师,希望他公开自己的设计灵感与心得。格罗培斯说:"其实那不是我的设计,而是游客的智慧。"

迪斯尼乐园主体工程完工后,格罗培斯对于路径的设计一直心存担忧,因为他看到了太多的公园里立上:"禁止踩踏"的牌子而毫无效果,游人照样会选择他们最方便的路径去穿越草坪,因此,他必须设计出最能切合

第 3 个理由
责任感让企业知道了员工的重要性

游客心意的路径。

格罗培斯最后终于想出了办法，让游客自己决定行走的路线。于是，他宣布暂时停止修筑乐园里的道路，接着指挥工人们在空地上都撒上草种。等小草长出以后，乐园宣布提前试行开放。

五个月后，乐园里绿草茵茵，但草地上也出现了不少宽窄和深浅不一的小径，那是蜂拥而来的游客们践踏出来的。格罗培斯马上让工人们根据草地上出现的小路铺设人行道。就是这些由游客们自己不知不觉中用脚步"设计"出来的路径。再后来，这在世界各地的园林设计大师们眼中成了"幽雅自然、简捷便利、个性突出"的优秀设计，也理所当然被专家们评为"世界最佳"的设计方案。

除了格罗培斯，迪斯尼乐园的其他设计师也同样把游人的要求放在第一位，把最完美的艺术品呈现给他们，细节之处绝不放过。

比如，在动物王国的很多道路设计中，他们用混凝土来塑造泥泞的碎石小路，正如他们在去非洲旅行时所见的真实场景。但是乐园里会有大量的人和车辆经过，因此用真实泥土的想法被否定了，而显眼的灰色混凝土会让人感觉单调并显得格格不入。所以他们把混凝土表面染上颜色，加一些辅料，并印上车辙和曲线，使之看起来像条布满痕迹的泥路。

因为以前从未有人想过要让混凝土看起来像泥巴，所以他们去跟混凝土制造商讨论产品。他们做了大量的抽样调查以确保达到预期效果，并使用巴士轮胎在公园里轧出车辙。

类似地，为了避免游人进入特定区域的栅栏也被反复斟酌，钢铁或者竹木做成的围栏会给游客带来隔阂感。"我们可以用断壁残垣、一棵倒了的大树、一辆废弃的吉普，这些东西都能用作屏障。"另一位设计师 Larsen 说，"一些最困难的问题，最后我们却处理得丝毫不露痕迹。"

迪斯尼乐园的设计完全考虑到了游客的需要，不论是行走路线的方便

给企业一个
舍不得你的理由

快捷,还是心理上的密切而无隔阂,他们都十分细心地做了最完美的处理,真正把游客当成了上帝。哪怕最微小的地方,他们也认真负责地解决了。对待工作和客户如此地负责,迪斯尼的成功自然也就没有什么意外了。

现代社会商品以及各种服务已经非常丰富,除了一些垄断行业,顾客基本上拥有自主选择的能力。过去物资匮乏的年代,买什么都要凭票供应,顾客爱买不买。而现在的顾客,往往会货比三家,比质量比服务,你不能让他称心如意,他是不会在你这里浪费一毛钱的,所以,如何赢得顾客的青睐,是任何一个企业都不敢忽视的问题,从很大程度上来讲,顾客决定着企业的发展前景,直接或者间接地影响着员工的利益。

员工如果能够做到对工作认真负责,无论大事小事都能为顾客着想,热情主动地帮助顾客解决问题,那么,他的收获绝对不止是赢得了这一个客户。美国著名推销员乔·吉拉德在商战中总结出了"250定律"。他认为每一位顾客身后,大体有250名亲朋好友。如果您赢得了一位顾客的好感,就意味着赢得了250个人的好感;反之,如果你得罪了一名顾客,也就意味着得罪了250名顾客。

只要员工能够本着认真负责的态度对待顾客眼中的小事,把它当做自己工作中的大事积极主动地去解决,成功就可能会不期而至;反之,如果对待顾客遇到的事情不以为然,总是强调"不就是这么一件小事吗?""有什么大惊小怪的,这种事情我见得多了!很正常。"敷衍你的客户,最终你将尝到自己亲手种下的苦果。

中国橱柜业中的领军人物欧派老总姚良松,由经营医疗器械起家,由一个穷学生历尽艰辛闯出了一片天地。在其事业的发展过程中,曾发生过这样的事。

有一天,医院和经销商突然纷纷退货。最着急的当然是企业的老板姚良松,他几度沉浮历尽艰险,好不容易事业有点起色了,终端市场却出现了退

第3个理由
责任感让企业知道了员工的重要性

货现象。

通过追查，这些不合格的产品竟然只是因为一个生产线上的工人粗心大意，他把器械的正负极装反了。这本来是非常容易纠正的问题，然而，让人没想到的是他下一道工序的工友虽然知道他安装反了，但因为事不关己，也就任其发生了，没有提醒他。就这样，产品从生产线上生产出来，后来到了客户手上，客户又退了货，最终又回到了自己的手上。

把产品的正负极装反似乎只是一件小事情，但其产生的严重后果成了一件大事，致使企业的品牌和声誉大受影响。如果医院没有发现这个问题而用在患者身上，那后果就更可怕了。那位没有及时纠正同事犯错的员工看似不值得一提，但这种对企业利益漠不关心的员工怎么会受到重用呢？

绝不能忽略工作中的任何小事。任何小事处理不好，都可能给企业造成不可挽回的损失，酿成令人惋惜的大错。对待小事认真负责，是成就大事不可缺少的基础。要想在职场中发展，就要对每一件小事认真负责，担负起自己的责任，做好自己的本职工作，把顾客眼中的小事都当成关系企业生死存亡的大事来做。

第 4 个理由
创新的员工是企业发展的动力

　　职场内,有创意、敢创新是一项市场竞争力,不少企业正走向创意工作的模式,不过员工如何培养职场的创新力呢?

　　一般人对于新的事物都会产生不熟悉的恐惧感,虽然人人都说欢迎变革,但前提竟然是不要改变自己,因为员工们适应了目前企业的状况,习惯了舒适的环境,就比较难有创新力。

　　创新的动力来自企业的文化及机制,而企业内的创新文化直接受到企业领导的影响。

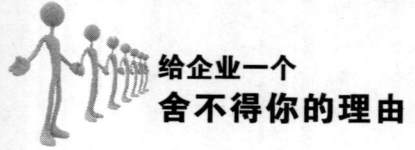
给企业一个
舍不得你的理由

◆打破惯性思维,适应自我发展

　　职场是一条多变的道路,这条路无限延伸,并充满了张力,我们要做的就是在职场的道路上做好自己,发挥自己的特长。别人的意见是参考意见,而我们要做的,是靠自己的经验和能力验证自己的结论,只有这样,我们才能打破束缚,迎接崭新的明天。

　　当你和他人分吃苹果时,可能会习惯性地将果蒂和果柄为点竖着落刀,但你是否考虑将它横放在桌上,拦腰切开?这样切下来的苹果,可能会清晰发现有个五角形图案在苹果核处。看到这个五角形图案,可能会使多年来一直采用第一种方法切苹果的人感到"发现了新大陆"。其实,这仅仅是换了种切法罢了。

　　我们每个人都有惯性思维,比如上班总是习惯走一条路,走路的时候总是习惯先迈左脚……这些都是我们的惯性思维在作祟,职场中就更是如此了,当我们面对问题的时候,总是习惯先问老员工,然后按照他们的方法去解决,或者是去翻书本,然后生搬硬套。

　　人生不是一成不变的,职场中就更是如此,要敢于突破,因为我们每个人都会有自己难以逾越的思维,这就越需要我们改变看法、求新求变,这样才能突破,才能看到一个不一样的自己。

　　有这样两个朋友 A 与 B,A 对 B 说:"如果我去买一个鸟笼送给你,没有别的要求,只要求你挂在你家里最显眼的地方。我敢保证,用不了多长时间,你就会买一只鸟回来。"

B非常惊讶A的逻辑:"我才不会去买鸟呢,养只鸟既要喂食喂水,并且还要时时照看,我才没这么多闲工夫呢!"

A听了之后,就去买了一个漂亮的鸟笼,送给了B,B按照A说的,把鸟笼挂在了家中最显眼的地方。

B的朋友、亲人,不管是谁来到B的家里,看到鸟笼之后就会问他:"你怎么只有鸟笼啊?鸟笼里的鸟呢?你的鸟什么时候死的?"

B就开始解释,但是朋友和亲人都不相信他的话,有的人甚至认为他有点儿精神失常,竟然会不养鸟,反而把鸟笼挂在家中。B感到非常无奈,众口铄金,积毁销骨,无奈之下,B只好去买了一只鸟养在了笼子里。

这便是著名的鸟笼逻辑,很多人往往会存在惯性思维,并且被这样的思维所操纵,因而在逻辑过程中就会条理不畅,不能正确有效地分析问题。很多人往往就被这种固有的条条框框的思维束缚住,遗忘了自己的本来思想,背离了自己的初衷。

我们的生活与工作皆是一团乱麻,更多的时候,我们要做的就是要找出这堆乱麻的头绪来,不要被惯性思维所左右,这样,我们做事的时候才会条理清晰、井然有序。

很多人都是在自己的心里挂上一只"笼子",接着就不由自主地往里面填进一些丝毫没有用处的东西。我们总是觉得拥有的就是最好的,殊不知,等到你遇到真正有价值的东西的时候,你的心里已经被毫无价值的东西填满了。

在职场中,我们总是喜欢听他人的话,听老员工说的话,遵循一切企业固有的规律,不愿意去改变,这样,我们就成为了别人的复制品,再也找不到自己原有的思维了。人因为各有各的特点,才显示出世界的多姿多彩。

不要总是因循守旧,照搬别人的。这样做只会让自己的思维走向僵化。

给企业一个
舍不得你的理由

我们需要的不是教条主义和形而上学,而是真正的自我本源的思维。

有一位出生在宾夕法尼亚州山村里的马夫,但就是这样一个人最后成为了美国非常著名的企业家,而这个人就是查理·斯瓦布先生。

查理小时候家里非常贫穷,他接受教育的时间很短。从15岁起,他就开始在当地做马夫,以此来维持生计。两年之后,查理才得以根据自己的兴趣更换一份工作,而这份工作给查理带来的是每周2.5美元的报酬。在这期间,查理开始发挥自己的特长,并且努力完善自己,积极学习技术,希望能够尽善尽美地完成任务。

没过多久,查理就成为卡耐基钢铁企业的一名技术工人。虽然查理每天的工资只有1美元,但是没过多久,查理就升职成为该企业的技师,接着,他又成为该企业的总工程师。5年之后,查理成为了卡耐基钢铁企业的总经理。

查理成功的秘诀就在于,他不看重工资,看重的是自己感兴趣的职业,正是他的兴趣指引着他,让他一步一步向成功迈进。当他还只是一名普通工人的时候,他就在心里告诉自己:"我要拼命工作,薪水并不是我所看重的,我要让我的兴趣实现最大价值,而这种价值远远超过薪水能给我带来的成就感。"

查理是一个实事求是的一个人,他不像其他同事一样,总是好高骛远,总去想一些不切实际的问题。他需要做的就是尽量少犯一些错误,每天只跟自己比。他要做的就是一步一个脚印向前走,正是这样一种精神,让查理取得了别人难以想象的成功。

人生不要有太多硬性的安排,这些硬性的安排只会让我们少了变通,多了死板,这样,就很难在职场中继续发光发热了。

人在职场中,有时候不需要准备太多。太多的准备有时会填满了我们的大脑,这些东西就像条条框框一样束缚了我们的思维,如果想要有新的

第 4 个理由
创新的员工是企业发展的动力

突破,就要率先打破这些惯性思维。当然,这样做是非常难的。有了鸟笼,我们就会习惯性地认为鸟笼里面必然会有一只鸟;面试官有了问题,我们脑子里就应该有与之相对应的标准答案,但是现实往往恰好相反,没有准备往往是最好的准备。

金庸的武侠小说《倚天屠龙记》中有过这样一段描写,张三丰在传授张无忌太极剑法的时候,问张无忌还记得多少,张无忌说,还记得一大半;张三丰又问,张无忌说,还记得一小半;张三丰再问,张无忌回答说,全忘光了。这时,张三丰才说,好了,你可以去比试了。张无忌大胜。

太拘泥于章法,只会让自己不懂得变通、只会按部就班,想要做到面面俱到,但是结果往往是做不到。

有备无患,但是过多地"备"只会为我们埋下更多的"患"。杯子中有水,只有把水倒出来,才能装更多的水。过多地准备只会把我们的思维束缚住,难以发挥出它本来的魅力,物极必反就是这个道理。

纵观《孙子兵法》,总结出一句最经典的话,那就是"因势而变者谓之神",因势而变同样适合于现在,在职场中,我们就更应该如此,不应让自己的思维定势左右自己的发展。优秀员工要做的就是要求新求变,这样,我们才能立于不败之地。

给企业一个
舍不得你的理由

◆渴望成功,你便会成功

渴望是动力,是创造性思维产生的催化剂,而经验是阻碍创造性思维发展的绊脚石。我们的潜能需要不断激发,而不是依靠经验,让自己一劳永逸。适应不断变化的社会,需要的不是我们的经验,而是我们的创新能力。

我们都非常看重经验,认为经验是财富,是自己未来发展的坚实后盾。但是有时候,经验并不是万能的,更有可能会从垫脚石变成绊脚石,而这就是因为我们被经验束缚住了,少了创新性思维。

经验是我们社会阅历的一种见证,但越是如此,就越需要我们合理地去分析、合理地去利用。更多的时候,经验会左右我们思维,就像是一种本能反应,当我们看到一件事、做一件事的时候,我们更多的时候,想到的是照着经验去做,但是这样很容易把事情变得雷同,正是因为这样,我们才会离创造型员工越来越远。

前美国总统威廉·亨利·哈里森出生在一个小镇上,年幼的威廉是一个非常内向害羞的孩子,但是因为威廉不善言谈,所以被同龄人认为是傻子。于是,其他孩子就纷纷拿威廉寻开心,他们把一枚1角钱的硬币和一枚5分钱的硬币扔到地上,让他随便捡一个,威廉总是捡那个5分的,大家每次看到都会哈哈大笑。

有一次,一位老人看到了事情的经过,觉得威廉被孩子们欺负很是可

第4个理由
创新的员工是企业发展的动力

怜,就走过去问他:"威廉,难道你不知道1角钱要比5分钱值钱吗?"

威廉一脸肯定地答道:"我当然知道。但是,如果我去捡那个1角钱的硬币,我怕他们就再也不会扔钱让我捡了。"

有经验的人肯定跟威廉不同,他们一定会去捡1角钱,他们知道,1角钱要远比5分钱值钱。但是威廉却不走寻常路,他知道,如果自己捡了1角钱,明天就再也没有钱可捡了。在很多时候,经验是阻碍我们创新思维发展的绊脚石,当我们的思维被模式化,等待我们的将会是现实给予的最沉重的打击。

经验只代表过去,如果我们常常回想过去的话,只会让固有模式填满自己的大脑。时代在发展,社会在进步,我们要做的就是不断接受新事物、不断转换思维,这样,我们才能离成功更近一步。思维是无形的,创造性思维也是无形的,我们要做的就是把无形的创造性思维运用到现实工作中来。

1917年,希尔顿退伍后,怀揣着要成为一名银行家的梦想,他筹集到了5000美元,他准备开一家小银行,然后再另谋发展。但是在当时,银行产业已经饱和了,希尔顿的第一笔投资就打了水漂儿。

希尔顿创业失败之后,心里非常苦闷,但是他没有气馁,他渴望成功,他觉得自己的斗志正在燃烧,他相信在不远的将来,一定能创出一片属于自己的天地。

就在希尔顿苦恼的时候,他听说德克萨斯州有石油,很多人都跑去挖石油了,而且他们现在都因为挖石油而成为了富翁。但是,等到希尔顿到了的时候他才发现,挖石油需要一大笔启动资金,对于刚受到创业失败打击的希尔顿来说,这笔大数目的启动资金简直就是一个天文数字。

无奈之下,希尔顿只好去了一家旅馆,他想休息一晚,等到明天再想办法,没想到,旅馆竟然没有空房。希尔顿从旅馆人员那里得知,现在挖石油的人很多,旅馆客房每天都会爆满。旅馆每天分成3个时间段,每个时间段

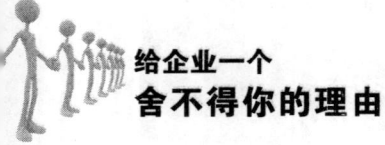

给企业一个
舍不得你的理由

8个小时为客人提供住房。希尔顿敏锐地感觉到，以这样的方式来对外面的人出租客房，每8个小时的价钱和以前每一天的价钱相同，这就说明旅馆每天会多获得两倍的利润。

希尔顿看到了希望，他想把这家旅馆买下来。这个决定，为希尔顿今后酒店业的发展打下了坚实的基础。

经过一段时间的发展，1919年，希尔顿在达拉斯建造出了自己的第一家希尔顿酒店。好景不长，1929年，美国出现了经济危机，但是希尔顿没有气馁，他选择了继续坚持，最后，创造出了属于他的酒店王国。

人只有渴望创造，才能成功，我们每个人的激情，都源自于自己内心的无限渴望。人只有内心有渴望，才能发挥出强大的创造力，而经验在一定程度上会阻碍我们的渴望，进而导致我们创造型思维的流失。如果一个人总是认同经验能够解决所有问题，那么，他将失去对任何事情的渴望，进而失去对创新的热情。

人对成功的渴望是无穷无尽的，越是如此，就越需要我们保持冷静，不要被经验冲昏头脑，经验只代表过去，而只有创造性思维才是我们开拓未来的有力武器。把握现在、展望未来，我们才能做得更好。

第 4 个理由
创新的员工是企业发展的动力

◆创新是一种积极的思想

人生有高峰,有低谷,我们要依靠自己的双手去创造未来。我们不应惧怕失败,只要我们拥有创新思维,失败就变成了纸老虎,只要我们轻轻一捅,失败就会远离,成功就会自然到来了。

每个人都喜欢谈成功与失败,但是往往对这两者的界定不好区分。究竟做到什么地步才算成功,有人认为,一张报纸、一杯茶、老婆孩子热炕头、过好自己的生活就是成功;有人认为,功成名就、路人皆知,才算成功……

对成功的界定有千差万别,但是对失败呢?到底什么是失败?

心理学家认为,你在内心否定自己,这便是失败。

看来,失败是轻而易举的,而成功却有各自的方法。但是,我们要知道没有任何一个人是不经历失败就能取得成功的。

有人把一只鲨鱼和一群热带鱼放在同一个池子里,池子中央放上一块强化玻璃将两种鱼隔开。最初的时候,鲨鱼每天都会拼命撞击那块强化玻璃,想到外面去觅食,但是换来的结果只是头破血流,而玻璃却完好如初。

就这样日复一日,鲨鱼的斗志逐渐被消磨光了,即使玻璃出现了裂痕,也会有人马上补上一块更厚的玻璃。最后,强大的鲨鱼忌惮了,再也不去撞那块玻璃了,只是每天吃饲养员喂它的食物。

实验到了最后阶段,有人把强化玻璃取了出来。但这时的鲨鱼早已经没有了当初的激情,再也没有越过强化玻璃曾经所在的那个位置。

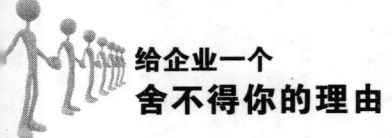

给企业一个
舍不得你的理由

无独有偶,有人把几只跳蚤放在密封的玻璃瓶子里,在最初的时候,跳蚤试图逃出去,每次都跳得很高,但每次都要撞到瓶盖。在几次失败碰壁之后,为了不致撞疼脑袋,跳蚤开始调整策略,虽然它仍旧在跳,但是跳跃高度已经不足以触及瓶盖。

这个时候,玻璃瓶盖被打开了,但是跳蚤仍然没有跳出瓶外去,因为它已经把自己的跳跃范围限制在自己所设定的范围内。其实,跳蚤只要稍微跳高一点,就可以获得自由,但是它没有。就算实验者再怎么拍桌子,跳蚤都是静止不动。

人之所以失败,是因为把自己局限在一个狭小的区域里,我们要做的就是突破压制自己的思维,摒弃失败与悲观的想法,在职场中,我们都希望能够取得成功,都希望能够实现自己的人生价值,但是很多人往往只停留在幻想阶段,一遇到挫折就会变得极其焦躁,信心也灰飞烟灭了,从此一蹶不振,对待工作也是敷衍了事。

有的人则不然,这些人有自己的目标,知道自己的未来在何方,就算遇到再大的失败,也只是会微微一笑,梦想总能燃起他们心中的火焰。当一个人心中有远方、有未来的时候,他的思想就不会停止,就算是失败,也只能算是路上小关卡,他要做的就是坚定不移地走下去,相信明天会更美好。

在担任美国"国家收银机企业"销售经理期间,休斯·查姆斯曾亲手为企业化解了一次很严重的财政危机。

当时,企业的资金周转出现了一些问题,这一情况不知通过何种渠道传到了销售人员的耳朵里,结果闹得人心惶惶,人人无心工作,导致销售量开始下跌。销售部门不得不将全美各地的销售骨干召集到一起开会,力图安抚人心,把销售人员的干劲找回来。查姆斯主持了这次会议。

会议一开始,查姆斯先是把手下几位最好的推销员叫了出来,要他们说明销售量为何会持续下跌。这些被叫到名字的销售骨干们每个人都有自

第4个理由
创新的员工是企业发展的动力

己的借口和理由:经济不景气、资金缺乏、人们都希望等到总统大选揭晓后再买东西等。

突然,查姆斯打断了手下的诉苦,跳到一张桌子上,高举双手,要求大家肃静。紧接着,他说道:"我要求会议暂停10分钟,让我把我的皮鞋擦亮。"

然后,查姆斯把门外待命的一名小工友叫了进来,并要求这名工友把他的皮鞋擦亮,而他就站在桌子上一动也不动。

在场的销售员都惊呆了,有些人以为查姆斯发疯了,人们开始窃窃私语。可是,那位小工友丝毫不为所动,按部就班地进行着自己的工作,表现出第一流的擦鞋技巧。皮鞋擦亮之后,查姆斯给了小工友1美分工钱,然后开始发表他的演说。

查姆斯说:"我希望你们在座的每个人都好好看看这孩子,因为你们都需要向他学习。他是个擦鞋工,他拥有在我们整个工厂及办公室内擦鞋的特权。他的前任是小男孩卡尔,年纪比他大得多。企业对卡尔仁至义尽,每个月发给他5美元补贴,但是他仍然不能从企业里的数千名员工那里赚到足够的生活费。

"而他,这位小男孩则完全不同,他和他的前任的工作环境是一样的,只是企业没给过他任何的补贴,可他不仅能够养活自己,每个月还可以存下一点钱来。现在我问你们一个问题,小男孩卡尔得不到更多的生意,是谁的错?是他的错,还是他顾客的错?"

那些推销员们异口同声地说:"当然是因为那个小孩不够努力,他没有尽到自己的责任!"

"没错。"查姆斯回答说,"小男孩卡尔的确没有尽到责任,但是你们呢?你们现在的工作条件和背景跟一年前完全相同:同样的地区、同样的对象,这一年来政府也没有什么大的举措。可是你们的销售业绩与一年前相比却相差甚远。这是谁的错?是你们的错,还是顾客的错?"

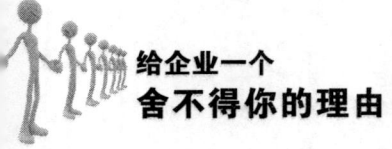
给企业一个
舍不得你的理由

同样又传来如雷般的回答:"当然是我们的错,是我们没有尽到自己的责任!"

"我很高兴你们能坦率地承认自己的错误,没再用那些无谓的解释来搪塞我。"查姆斯继续说,"我现在要告诉你们,你们错就错在听信了有关本企业财务发生困难的谣言,进而忘记了自己的责任,因此你们不像以前那般努力了。只要你们回到自己的销售地区,并保证在以后30天内,每人卖出5台收银机,那么本企业就再也不会发生什么财务危机了。你们愿意这样做吗?"

会议室内群情激昂,大家纷纷表示"愿意",后来他们果然办到了,而且他们再也没有拿经济不景气、资金缺少、人们都希望等到总统大选揭晓以后再买东西等无谓的解释来当做他们推卸责任的借口。

成功是失败的下一站,当我们发现自己在岔路上行走,或者已经走到了失败的路上,不要灰心,我们要相信,成功就在下一个转角。能力越大,责任越大,当我们不断变强的时候,就更需要看清脚下的路。

比尔·盖茨创办的微软企业,在面试的时候往往会问应聘者:"你现在用的电话有什么缺点?怎么改进它?"或者"龟兔赛跑时,如果兔子没有睡觉,乌龟怎么赢得比赛?"当然,在我们常人看来,这些问题根本与工作无关系,但是这些却是微软非常重视的问题,因为根据应聘者对这类问题的回答,面试官可以马上判断出面试者是否真的具有创新思维。

其实,创新就是一种思想,是一种积极的思想,它可以让我们在最短的时间内摆脱失败的困扰,进而重新燃起对成功的希望。戴维·赫西曾写道:"创新是工作中的新思想,它可能是一个流程的简单的改变,也可能是复杂的全新市场的进入。"创新是灵魂,它能指引我们向着成功不断迈进。

第 4 个理由
创新的员工是企业发展的动力

◆换个角度,发现不一样的自己

我们要知道,人生中走弯路的人很多,如果我们总是不撞南墙不回头,等待我们的将会是失败的苦果。人需要转变,不管是生活还是工作中,我们都要懂得变通,穷则变,变则通,就是这个道理。

树挪死,人挪活。当我们换个角度看世界的时候,有可能会看到更广阔的天空,而创新思维也会因为我们的转变而来到我们身边。记得一位心理学家曾经说过:"只会使用锤子的人,总是把一切问题都看成是钉子。"我们需要突破,需要改变自己,这样,我们才能看到另一个强大的自己。

霍宏宇在一家企业工作了两年,前不久,刚刚被提升为部门经理,这次升职让霍宏宇非常开心。但是没过多久,他发现,自己和同事之间关系疏远了许多,而且自己给下属布置任务的时候,他们总会敷衍了事,根本没有认真去做。

霍宏宇非常生气,把这几名员工叫了过来,大声斥责了一番,但是下属依然我行我素,等到霍宏宇再找他们时,他们就会说出很多借口。这让霍宏宇非常头疼,而他根本就想不明白,这些以前和他关系不错的同事,怎么一成了自己的下属后,就喜欢处处跟自己做对。

有一次,霍宏宇在企业食堂吃饭,他无意中听到他部门的两名员工在聊天,听到了他们跟他做对的原因。

原来,霍宏宇在这个部门不是资历最老的,也不是年龄最大的,但是自

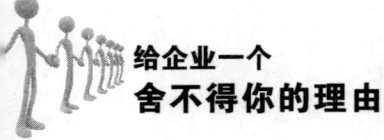

给企业一个舍不得你的理由

从他升职了之后,同事们觉得霍宏宇整个人变了,动不动就会数落下属,认为总觉得比别的员工高了一大截,批评员工的时候,也丝毫不会顾及他们的面子,所以大家都跟他保持着距离。

知道原因之后,霍宏宇就开始适当地改变自己,尽量放低自己的姿态,融入到员工中去。以前自己批评员工的时候,不注意技巧,现在他总是先表扬一下员工的工作成绩,再说工作上的不足,慢慢地他和同事们的关系又恢复如初了。

给人坏印象不难,树立好形象就会难了。虽然霍宏宇没有做错什么事,但是由于他的态度是居高临下的,就自然会被员工排斥。这时,霍宏宇就换了一个角度,他选择了保持谦卑的态度,这样一来,就和员工站到了一条线上,员工也不会再排斥他了,反而工作得更加努力了。

我们选择了什么样的人生,就会成为什么样的人。当我们换一个角度去选择,我们就会发现另外一个自己。不要把苦难想得过于压抑,苦难是一笔财富,关键在于我们怎样看待问题。电影《童梦奇缘》中有这样一句台词说,人生就是一个过程,可悲的是它无法重来,可喜的是它根本不需要重来。

职场中,我们怎么看待工作,就决定我们能够在职场中达到的高度。一个负责的员工会有很强的创新精神,他们对待工作一丝不苟,还会把自己的想法和创意融入其中,正因为这样,他们才会找到自己的方向,才会看到更清晰的未来。

肖暮曾在一家小企业做业务员,为了谋求更好的发展,他到一家大型合资企业参加面试。这家企业的待遇较高,发展空间又大,可以说应聘者踏破了该企业的门槛,其中也不乏一些经验丰富的销售精英。面对高手如林的竞争,如何才能脱颖而出呢?肖暮思前想后,决定在简历上玩点儿"伎俩",吸引面试官的眼球。

第4个理由
创新的员工是企业发展的动力

应聘那天,肖暮将自己的简历递给面试官。负责招聘的人事部经理看了肖暮的简历,发现与其他的简历不太一样,上面不但有他的工作经历及业绩,另外还单列一栏,介绍自己的缺点:性格急躁、做事固执等。

人事部经理颇为困惑,就问肖暮:"你为什么这么直白?怎么连缺点也不加掩饰地写在上面?难道你不怕暴露短处而遭拒绝吗?"

肖暮非常坦然而又真诚地回答道:"没有任何人是完美的,我也一样。我想,让用人单位了解我的缺点甚至比知道我的优点更重要。而且,也只有不回避自己的缺点的人,才会有决心和勇气改掉。"

听了肖暮的回答,人事部经理非常满意,就爽快地对他说:"好,我非常欣赏你这种不回避缺点的勇气,再说,我们企业也正需要像你这样的人才。这事就算定下来了,下周一准时来企业报到吧!"

只有敢于正视缺陷的人,才有勇气去战胜缺陷。生活中存在着种种劣势与缺陷,也可以将永恒的、坦然的微笑挂在嘴边。这就是人生,虽不完美,却像珍珠一样明亮美丽。失意时,不夸大缺陷、埋怨缺陷;得意时,也不否认缺陷的存在。人生可以在缺陷里寻找完美,也可以在完美中留下缺陷,如果不能领悟到这一点,未来的生活就会有更多的缺陷。

这就是角度问题,当我们学会转换角度的时候,我们会看到一片更为广阔的天空。

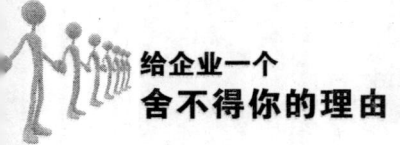
给企业一个
舍不得你的理由

◆创新源于细节之中

很多人总抱怨自己找不到创新的机会,那是因为他们不会从细节处着手。一些不起眼的细节,往往会激发创新的灵感,从而能够让一件简单的事物有超常规的突破。

大部分人都知道创新的益处,但是对创新的理解却不够,很多人以为创新是一件以宏伟事业为目标的态度;事实上恰恰相反,很多创新都是从不起眼的细节或者小事开始的,创新其实原本是对一些细节的改进、修订和提升,正是因为这些细节上的改进、修订和提升,才使得社会在一点一滴地进步。

石油大王洛克菲勒的成功是从思考如何节省一滴小小的焊接剂开始的。洛克菲勒毕业后在一家石油企业工作,由于他学历不高,也没有什么技术,因此,老板只能安排他做一些相对简单的工作,那就是查看生产线上的石油罐盖是否自动焊接封好。

洛克菲勒每天所做的工作就是注视一道工序:装满石油的桶罐通过传送带输送至旋转台上,焊接剂从上方自动滴下,沿着盖子滴转一圈,作业就算结束,油罐下线入库。

每天从清晨到黄昏,要过目几百罐石油,也不是件轻松的事。一周时间过去了,洛克菲勒就对这种单调的工作厌烦至极。他觉得如果自己一辈子做这样的工作,无疑是浪费生命。他想过改行,却又找不到别的工作,只好

第4个理由
创新的员工是企业发展的动力

坚持下去。他开始想自己是否可以找点儿事做。

有一天,他看着不断旋转的罐子发呆,突然有一个想法闪过脑海:这些罐子旋转一周,焊接剂都是滴落39滴,有没有什么办法使焊接剂减少几滴呢?这样可以为企业节省不少成本呢。

他开始思考,眼前这简单至极的工作中是否有什么地方可以改进。就这样,他开始寻找节省焊接剂的办法,在一番试验之后,他终于研制出37滴型焊接机,但是美中不足的是:该机焊出来的石油罐偶尔会漏油,质量缺乏保障。他开始思考如何改进方案,研制出更好的焊接机。

最终,他研制出了38滴型焊接机。企业对他的新发明非常满意,企业的老板说,他简直没有想到一个做着如此简单工作的人能想出这么好的方法,真是一个奇迹。不久企业便生产出这种机器,采用的就是洛克菲勒的焊接方式。

洛克菲勒发明的新机器虽然只是节省了1滴焊接剂,但是这滴焊接剂每年为企业节省的开支却有5亿美元。

一个企业要创新,必须加强对细节的关注。一向以创新意识著称的海尔集团总裁张瑞敏曾经说过:"创新存在于企业的每一个细节之中。"

很多小事,一个人能做,另外的人也能做,只是做出来的效果不一样,往往是一些细节上的功夫,决定着完成的质量。

无数实践证明,创新往往存在于细节之中。细节是创新之源,要想获得创新,就必须明白"不择细流方以成大海,不拒细壤方以成高山"之理。如果说创新是一种"质变",那么这种"质变"经过了"量变"的积累,就自然会达成大的变革和创新。很多事情看似简单却很复杂,看似复杂却很简单。企业的经营,只有重视细节,从细节入手,才能取得有效的创新。

职场就像战场,没有定律,只要你有一双善于在细节中发现的眼睛,不断开拓,不断创新,就能成功。

给企业一个舍不得你的理由

◆ 创新性学习,增强生存能力

在充满变幻、充满竞争的自然界中,动物只有通过不断地学习,才能增强自己的生存能力。职场中的我们更需要不断学习,增强能力。

现代世界的知识有两大特点:一是知识量大,多得叫人眼花缭乱、目不暇接;二是发展快,快得千变万化、日新月异,任何一项知识和技术都只有暂时性的意义,这导致人才资本的折旧速度大为加快。从这个意义上说,未来的"文盲"不是不识字的人,而是不会学习的人。

谁不学习,不能提高自己的能力,谁就会落后。很多职业人不去学习,不去提高自己的能力,而是去抱怨领导、企业对自己不够重视。实际上,问题出在你自己身上,你不养成学习的习惯,不提高自己的工作能力,企业怎么会青睐于你呢?

现在找一份满意的工作不容易,能"站住脚"更难。如果不能在工作中不断地学习,以提高自己的知识和能力,就算你曾是企业的"元老",就算你是拥有高学历,若不能自如应付自己的工作,不能为企业创造更大的价值,企业为了自身的利益和发展,也会把你扫地出门。

要想在激烈竞争的职场中胜出,就必须在工作中不断学习,不断地吸取经验,以新的技能来支持你的成功。创新性学习就是一个很好的学习模式,值得大家借鉴。

创新性学习作用:是一种能带来变化、更新、重组和重新提出问题的学习形式,能使个人和社会在急剧变革中具有应付能力,对突变提前做好准备,是解决个人和社会问题的重要手段。

创新性学习的特征:通过预期促进事物发展的连续性,通过参与创造空间或地域的连续性,两者紧密相关,相辅相成,缺一不可。

创新性学习的目标:通过创新学习,使学习者既具有自主性,即尽可能地自力更生和摆脱依赖,又具有介入更广阔的人际关系、与他人合作、理解和认识自身所在大系统的整体性能力。

在这个知识与科技发展一日千里的时代,唯有不断学习,不断地充实自己,不断追求成长,才能使自己在职场上始终立于不败之地。

全球第一女CEO惠普企业董事长兼首席执行官卡莉·费奥瑞纳女士,从秘书工作开始职业生涯的她,是如何提升自我价值,一步步走向成功,并最终从男性主宰的权力世界中脱颖而出的呢?

答案是,不断在工作中学习。

卡莉·费奥瑞纳学过法律,也学过历史和哲学,但这些都不是她最终成为CEO的必要条件。卡莉·费奥瑞纳并不是技术出身,在惠普这样的一家以技术创新而领先的企业,是通过自己的不断学习来达到的。

她说:"不断学习是一个CEO成功的最基本要素。这里说的不断学习,是在工作中不断体会更好的工作方法和效率,不断总结过去的经验,不断适应新的环境和新的变化。我在刚开始的时候,也做过一些不起眼的工作,但我还是从自己的兴趣出发,找最合适的岗位。因为,只有我的工作与我的兴趣相吻合,我才能最大限度地在工作中学习新的知识和经验。在惠普,不只是我需要在工作中不断学习,整个惠普都有鼓励员工学习的机制,每过一段时间,大家就会坐在一起,相互交流,了解对方和整个企业的动态,了解业界的新的动向。这些小事情,是能保证大家的步伐紧跟时代、在工作中不断自我更新的好办法。"

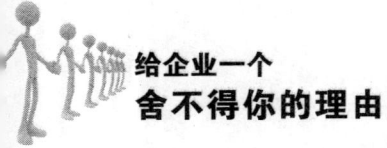

给企业一个
舍不得你的理由

她又说:"很少有人能具备与生俱来的领导能力,真正成功的领导者肯定是在工作中不断积累经验、不断学习而逐步成功的。"

作为一个员工,只有在工作中不断学习,才能提高自己的实际能力,不论你处于职业生涯的哪个阶段,学习的脚步都不能有所停歇,学习的目标是为了更好地工作。你要好好自我监督,别让自己的技能落在时代的后头,你的知识对于所服务的企业而言是最有价值的宝库。

当然,在工作中不断学习不一定非要脱离现在的工作。只要你想学习,用心投入,在工作实践中也能学到很多极有价值的东西。也就是说,若你热爱自己的工作,随时都可以在身边发现值得学习的东西,那些往往是最有用的、最适合你职业的学习内容。

不断给自己充电。过去那种在大学学习几年一次性"充足电",然后一生在工作岗位上"放电"的时代已经不复存在,你必须不停地为自己"充电",及时地使自己的知识、能力得到更新和优化,才能成为与时俱进的人才。

若你已在职场打拼多年,并取得了不斐的成绩,也许你已年过三十或者四十,这时,你是否觉察到,最先走下坡路的不只是你的健康,还有你的脑袋。看一看你有没有以下的这些表现:慢慢地感觉到力不从心,所学的知识有些不够用;难以完成比较有挑战性的工作;缺乏有创意的提议和看法;对许多新兴事物,比如新版的电脑软件一窍不通;很难与企业的新人达成工作上的共识。

如果你有上述的一种或几种表现,就意味着你前进的路上已经亮起了红灯,你的知识储备和工作能力已经在走下坡路了,就算你有再强的承受压力和困难的能力,也不能帮你走完旅程。这时最需要的就是给自己充充电,给自己补充养料。

南方某个招聘网站做过这样一个调查:"龙年中你有什么职场心愿?"

在接受调查的人中，70%以上的人选择了"充电、学习、提高能力"。同样，另外一家网站也进行了一项类似的网上调查，调查的问题是："在新一年里，你除了工作以外，最想做的一件事是什么？"有55%的人选择了"充电学习，提高能力"。

通过这两项民意调查，在一定意义上，在工作中不断地充电学习，已经成为现代人的一种生活方式。有相关的人士认为，如果说个人充电行为在前几年只是一部分职业人在某一阶段的行为取向，那么今天的充电几乎已成了职场人的终身行为。

在职场中，每位员工都要从工作需要出发，选择最适合自己的充电途径，才能适应不断变化的环境，实现充电的最佳效益，最终拥有驰骋职场、决胜商场的能力。

◆有自己的特色，走不寻常路

现在的世界因为互联网的普及，频繁地掀起热潮，所有的信息都能快速地传播开来，这时候，很多趋势就形成了。要想在职场中拥有绝对的一席之地，就不能盲目地随大流，要有自己的特色，走不寻常的路，才能立于不败之地。

当一个员工提出一项具有创新意义的建议时，老板不希望看到的是别的员工也和提建议的员工一样执行同样的事情，他更青睐于看到每个职员有自己的独特的想法，完成自己的创意。

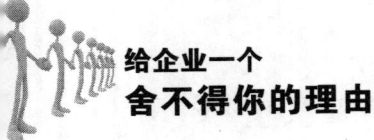

给企业一个
舍不得你的理由

有一个著名的毛毛虫实验,说的是把许多毛毛虫首尾相连围成一圈放在一个花盆边缘,并在离花盆不远的地方撒满毛毛虫喜欢吃的树叶。毛毛虫沿着花盆边缘一个接着一个地爬,一小时过去了,毛毛虫还是那样首尾相连地爬着,一天过去了,毛毛虫们还是在那样爬,七天后,它们最终因为饥饿和精疲力竭而相继死去。

在工作中,很多人就像这群首尾相连的毛毛虫,每天和其他人干着一样的工作,吃着一样的米饭,喝着一样的白开水,他们对现状不满,但是从不要求改变,因为其他人也是这样生活。

这时候,如果有一个人提出一些新鲜的建议,无异于在办公室里鹤立鸡群了。只有把大流摆在一边,把自己的脑子从"都一样"的怪圈里解放出来,自己单独坐下来思考属于自己的思路的时候,这个员工才算有了灵魂,才能做出令自己和企业满意的成绩。工作中遇到困难的时候,人们喜欢拿出以前用的方法,像套公式一样生硬地套进去,而世界上没有两个问题是一样的,总是有着或大或小的变化,当问题不能完美解决的时候,有些人还是不敢打破固有的思维方式,不能够推陈出新,找到一条合适的路。

小路和所有的办公室小白领一样,领着还算过得去的工资,每天和同事一样吃着千篇一律令人提不起食欲的快餐,也和同事一起骂快餐店黑心的老板和自己企业的总经理。但是,小路总是无奈地对自己说日子还是要过,班还是要上。

有一天,当办公室所有同事一致拒绝向快餐店订餐的时候,小路突然灵光一闪,她觉得自己完全可以让同事吃到自己想吃的东西,那就是自己做中介人,为每个快餐店拉客户,然后根据客户要求的快餐给快餐店下单子,自己抽取提成,应该是笔不低的收入,实在不行,就回来上班。于是,她向总经理提出了辞职,买了辆电动车,开始了外卖生活,虽然顶着大太阳送

第4个理由
创新的员工是企业发展的动力

外卖很辛苦,但是一个月下来小路有了近万元的收入,几乎是上班时的两倍,几年以后,小路开了自己的连锁店,当上了老板,而以前在企业上班的人还是在上着同样的班,说着同样的抱怨的话。

如果继续在企业里忍受不好吃的饭和吝啬的领导,小路可能永远只是一个小白领,永远不知道自己其实可以有属于自己的企业,更不能实现自己的人生价值。

条条大路通罗马,尤其是现代社会,变化越来越快,竞争也越来越激烈。怎样使自己不淹没在时代的大潮中呢?那就是另辟蹊径。很多企业都有着铁一样的规章制度,很多人也都严守着这样的铁律,以为一切按照企业制度来就可以相安无事了,然而这样的想法大错特错。没有企业不喜欢充满创意的员工,因为这样才能提高业绩,才能增加企业的效益。

李悌是一个不喜欢按常理出牌的人,他的想法总是让人觉得莫名其妙,甚至是荒诞的。但是,正是他这种不跟风不随大流的个性,成就了他自己,也成就了宝丽来的中国台湾市场。

开始决定在中国台湾经销宝丽来的时候,李悌作过一番市场调查。当时的台湾地区眼镜市场出售的大多是一些低廉的便宜货,虽然价格不高,但是质量很没保证。李悌就是抓住台湾地区市场的这个特点,定下了一条死规定:任何在台湾地区出售的宝丽来眼镜都不准降价或者打折出售。因为他认定了宝丽来这种真正有偏光、摔不破,又能过滤紫外线的高质量的太阳镜性价比比那些动不动就打折的便宜货高很多。

事实证明李悌是正确的,宝丽来成为和劳力士、欧米茄一样的高档品牌。

是什么使李悌成功的?就是他那种不跟风不随大流的性格。

在实际工作中,我们不能老是跟在别人身后转,适用于别人的方法并

给企业一个舍不得你的理由

不一定适用于自己,即使和自己的情况一样,也不可能在别人的思想上做得非常出色,就像一部武功秘籍所说的,修炼即使有了招式,没有自己的心法,还是不能天下第一。所以,职场中的精英们一定要运用自己的思维,突破别人对自己的局限,创造性的工作和生活,才能在工作中作出超越以前的业绩。

第❺个理由
执行力强的员工让企业进步更迅速

有人曾问:"在自然界,谁的力气最大?"有人说是大象,也有人说是鲸。其实,力气最大的是蚂蚁,它可以举起相当于它体重13倍的东西,超越自己。

在执行力上,我们每一个人都不能安于现状、故步自封,攀登的路上没有终点,只有永不止步,才能保持领先,执行力永远没有最好,我们一定要要求自己做到更好,不断超越自己,做得更好。

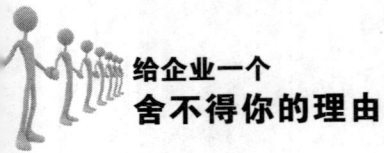
给企业一个
舍不得你的理由

◆不要抱侥幸心理，工作是干出来的

实干，是一个人在职场上的立足之本。我们已经不是小孩子了，小孩子可能因为长得讨人喜欢能得到大人无偿给予的糖果，但是作为一个成熟的职场中人来讲，盼望老板或者命运的恩赐就很不理智了，一切都要靠自己的努力去争取。

我们都知道守株待兔的故事：一名农夫在种田的时候，偶然遇到一只兔子撞死在木桩上，于是他坐在旁边干等着千千万万的兔子接着撞过来。可惜的是，直到他的地里长满了荒草，荒芜得不成样子，也没有再次等来一只倒霉的兔子。

谁都知道天上是不会掉馅饼的，职场上也不存在不劳而获的事。如果存在侥幸心理，那么势必会被南墙撞得头破血流。一座高楼大厦，要从理想中的设计蓝图变成现实的建筑，离开踏踏实实的工作是不行的，缺少一砖一瓦都不能成为一座完美的建筑。这一砖一瓦都不是天上飞来的，都需要实实在在的工作来实现。任何人如果存在侥幸心理，不付出努力，而坐等天上掉馅饼，都是不现实和异想天开的行为。

工作都是干出来的，没有付出就不可能获得回报。

老张和老王是邻居，而且他们是几十年的同事和老朋友了。他们原先同在一家国营机械厂上班，老张是工厂里的工程师，老王则是一名普通的车间技术工人。

第5个理由
执行力强的员工让企业进步更迅速

非常不幸的是，近几年由于市场竞争日益激烈，他们所在的工厂经营不善，倒闭了，他俩都被买断了工龄而下岗了。两个人才四十多岁，下岗之前都是家里的顶梁柱，总不能一直在家闲着吧？为此，两个人合计着得尽快找个工作，重新上岗。

虽然下岗了，老张对自己的前途还是很乐观的，他觉得自己是工程师，是高级人才，到哪个单位还不得抢着要啊？于是，他在报纸上发布求职信息，要求的薪酬待遇很高，他相信自己一定能遇到"伯乐"。老王本来就是一名普通的技术工人，他的求职要求并不高，只盼着尽快结束失业的日子。

后来，当地一家民营企业招聘了他们，虽然他们是老工人了，但是按照规定，他们还是要有三个月的试用期。对此，老张颇有怨言，而老王则踏踏实实地做起了工作。

老张的工作还跟原来在国企一样，每天上班就是晚来早走，上了班也是喝茶看报，效率极低。老板吩咐他做的设计工作，他认为都是小儿科，一点都不放在心上。他想，我是工程师，是人才，怎么着老板也得高看一眼吧？

三个月试用期很快过去了。结果，作为高级人才的老张收到了解聘通知书；而老王，因为扎实肯干的工作作风，直接被正式录用为段长。

老张躺在自己"工程师"的招牌上心存侥幸，以为企业会很重视他这位"人才"。但是，企业是讲效益的，工程师不能创造效益也一样会被淘汰，千里马如果不跑还不如老黄牛。

在职场上，我们需要的是实实在在的付出和努力，工作成绩不是想出来的，也不是看出来的，更不是等出来的！冰心曾经写过一首诗："成功的花，人们往往只惊慕她现实的明艳，然而当初它的嫩芽儿，却浸透了奋斗的泪泉，遍洒了牺牲的血雨。"

成功是什么？成功是屋檐下一滴滴雨水穿透顽石，成功是一粒粒沙聚成高塔，成功是默默流汗、埋头苦干地付出……要想成功，不付出一点汗水

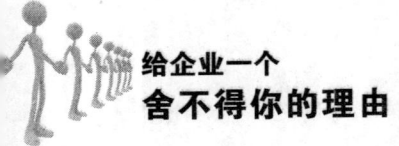

给企业一个
舍不得你的理由

都是不行的,那些守株待兔,坐等天上掉馅饼的人终究不能由一粒种子长成参天大树,他们注定尝不到成功的滋味。

在拿破仑帝国时期,法兰西与欧洲发生了连绵数年的大规模战争。当时,指挥同盟军的是威灵顿将军。

然而,威灵顿指挥的同盟大军在天才的拿破仑面前一败再败。在一次大战中,同盟军再次惨败,威灵顿狼狈不堪地逃到一个破屋里,想到当天的惨败,威灵顿恨不得一死了之,他甚至祈祷上帝让拿破仑从马上掉下来摔死。

就在此时,威灵顿发现墙角有一只蜘蛛在结网,但是还没结好就被风吹断了,于是,蜘蛛又重新忙了起来,但这次还是没有结成。威灵顿望着这只失败的蜘蛛,不禁又想起自己的失败,更加唏嘘不已,同病相怜。

但蜘蛛并没有放弃,它又开始了第三次。蜘蛛的这次努力依然以失败而告终,但它丝毫没有放弃的意思,仍然继续着它的工作。它就这样锲而不舍地织着,织着。

第七次,蜘蛛终于把网结成了!

威灵顿看到这一切,不禁流下了热泪,他被蜘蛛永不放弃的实干精神深深感动了,他决定继续带领他的部队干下去。

后来,威灵顿终于在滑铁卢一役,打败拿破仑,取得了决定性的胜利。

我们抛开拿破仑和威灵顿在历史上的荣誉和过失,单从这个故事表现出的寓意来说,可以说明一点——成功没有侥幸,实干决定命运。

人的生存和发展背景是不同的,但是,含着金汤匙出生并不叫成功,那只能说是在某些方面比较幸运罢了,个人的成功还是需要自己的努力。只有实干,才能实现你的价值;只有实干,才能给你带来真正的成功。

生活在充满诱惑的世界,也许你在苦苦等待哪一天被伯乐的慧眼发现,一下子就把你放在位高权重的位置上,但是,请放弃不切实际的侥幸心

第5个理由
执行力强的员工让企业进步更迅速

理,你要相信,机遇只青睐那些有准备的人,任何工作都是干出来的。努力工作吧!我们要获得成功,根本不需要等待撞死的兔子,我们只需要收获自己播下的种子结出的果实。

◆企业需要百分百的执行力

执行若不到位,会使执行的效果失效甚至无效。你是否有过这样的经历:工作时,没有全力以赴地把事情做好,自己却认为没什么大不了,可结果却和自己想的大相径庭。表面看起来,你也是在不停地付出、忙碌,但是这种忙,却没有忙出完美的效果,甚至无功而返。

今天这个时代,职场生活已经融入我们的整个人生历程之中,我们对待自己的工作,不能把它仅仅当做是谋利的工具,而应该与自己的人生追求和生命价值紧紧联系在一起。因此,打造我们百分百的执行力,是实现我们人生价值的重要组成部分。

很多人从默默无闻的普通职员变成一鸣惊人的职场明星;很多人从一贫如洗变成万众瞩目的财富新贵。他们并不比别人更加幸运或者聪明,甚至他们中的很多人身世坎坷、命运多舛,他们的成功有一个共同的秘诀——做到最好。

艾伦·纽哈斯两岁丧父,寡母努力维持着自己和艾伦的生计。艾伦在十多岁的时候,利用假期在南达科他州祖父的农场里,开始了他的第一份工作——赤手去捡牧场上的牛粪饼!

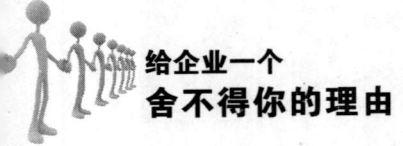
给企业一个
舍不得你的理由

这份又脏又累的工作一般人都不愿意做,小艾伦自己也是非常希望做放马的工作的,但是祖父却安排了他去捡牛粪饼。尽管这看上去并不算一份像样的工作,但他依然很认真地在做,并取得了很大的成绩。仅仅一个假期,祖父的储草间里就堆满了他的工作成果。

一年后,又到了假期打工的时候了,艾伦的祖母开着福特车来接他,并告诉他,因为去年夏天他捡牛粪时表现得极其出色,他的祖父将要把他想要的放马工作交给他。这样,他在工作岗位上得到了第一次提升,这使得他很开心。只要把手头的工作百分百地做好,就一定能慢慢实现自己的理想,这个信念开始在他脑袋中生根发芽。

后来,艾伦成为南达科他州一名每星期挣1美元的肉铺帮工。这份工作在别人看来仍然是很脏很累的,但是艾伦却没有嫌弃,因为这比起他以前捡马粪饼的工作好多了。他努力做好肉铺师傅下达的每项任务,让他切肉就切肉,让他剁骨头就剁骨头,他把一切工作都做得很完美。

也正因为他的这种把事情做到完美的工作态度,不久后的一次机遇让他成为了美联社的一个实习生。再后来,他成为了每星期挣50美元的美联社记者。把工作做到百分百,也成为艾伦工作的信条。很多年过去了,他成了加内特报业集团的首席执行官,并把该企业变成了美国最大的报业集团,他的年薪也达到了150多万美元。

艾伦·纽哈斯后来创办了美国第一家全国性的报纸,也是全美国印数最多、阅读面最广的报纸——《今日美国》。回想起童年的生涯,他感叹道:"要做就做到最好,这种百分之百的执行力改变了我一生的命运。"

任何事情,只有做到100%才是完美,99%都不行。同样的规章制度,同样的机器设备,为什么有的企业发展壮大了,而有些企业却关门大吉了。其实成功和失败之间最大的差别,恰恰就在于执行能否到位。企业的兴衰与每一个员工的执行力有着密不可分的联系,员工百分百的执行力才是企业高速发展的根本助推力。

　　打造个人百分百的执行力,是一种对待职业的神圣使命感,是一种负责敬业的职业精神,是一种完美的执行素养,也是个人与企业实现双赢的最佳纽带。积极而有成效的行动不仅会让你收获一个完美的工作结果,更会让你增加自信和成就感,从而产生心理上的良性循环,让你保持持久的动力。

　　贝蒂是一位房地产推销员,她工作十分出色,她不像其他推销员一样,仅仅把房子卖出去就万事大吉了。尽管已经卖出了房子,她仍然会给顾客们更多的服务,虽然那看起来已经不是她的工作范围了。

　　在顾客入住新房子之前,她会去了解供水供电是否正常,以确保顾客的正常生活不受影响。她熟知当地学校和教师的情况,甚至叫得出一些老师的名字,于是她给顾客提供意见,为他们的孩子转入新学校作一些参考。她还能精确地说出附近的交通状况等等。她知道刚搬家时顾客做饭还不方便,因此每当新住户搬进新居,她都会准备一份礼物,并在住户入住的第一天与他们共享一顿晚餐。她还介绍新来者加入社区的俱乐部,把新住户介绍给邻居们。

　　这些听起来不可思议,但贝蒂做到了,她从各个方面尽力帮助新住户迅速融入社区生活。结果,顾客们在买了房子之后,仍然愿意找她帮忙解决问题。他们觉得贝蒂不仅仅是个卖房子的销售员,更是能帮助他们更快乐地生活的好朋友。可想而知,贝蒂的业绩在众人口碑相传之下,自然是芝麻开花节节高了。

　　优胜劣汰的法则也同样适用于职场,多少人成为竞争中黯然退场的失意者,我们要在这个激烈的经济社会中站稳脚跟并不断前行,成为时代的领跑者,就必须要使自己拥有克敌制胜的资本。这个资本,就是工作中完美的执行力,百分百的执行力!把任何工作都做到最好,就永远不会有人能占

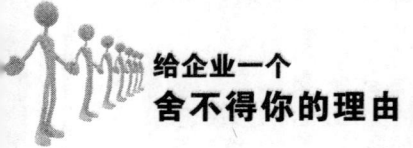

据你的位置,就永远不会被超越、被淘汰。

在工作中,一定要严格要求自己,任何事情,要么不做,要做就做到最好。接受一项任务,就要全力以赴,用百分之百的执行力把它完成好。把任何工作都做到最好,那你在竞争中自然就会是那个无可争议的最好的员工。

一分耕耘,一分收获,成功不是单靠上天带来的运气,也不是靠企业善意的施舍,而是靠自己的打拼努力。无论你从事什么样的工作,也无论你在哪个行业,只要你能坚持不懈地打造自己百分百的执行力,任何事情都做到最好,你终将能够获得成功。

◆面对问题,第一时间解决它

员工的执行力,体现在解决问题上。遇到问题时,绝不拖延,尽自己最大的努力,在第一时间就把问题解决掉,不给工作留"尾巴"。这样工作才算是执行到位,这样工作才能取得理想的成果。

在职场中,我们不可避免地要遇到各种各样的问题,这些问题就是横在我们面前的一道道坎,是迎难而上、勇敢地越过它?还是知难而退,遇到困难绕着走呢?很显然,有进取心的人,绝不会在困难面前止步,更不会逃避或推诿。面对问题,他们的第一选择肯定是:解决它!

只要是在工作中出现的问题,就是自己必须要解决的问题,不要寻找任何借口或理由将它推卸或搁置。如果遇到问题把它放在那里不去解决,就是自己的工作没有到位。

第5个理由
执行力强的员工让企业进步更迅速

"三个和尚"的故事我们都听说过：一个和尚自己挑水吃，两个和尚还可以抬水吃，三个和尚互相推诿，谁也不去打水，最后反而没水吃了。在工作中，问题如果出现了，不要把它放在那里，放在那里只会使问题越积越多，也不要侥幸地希望别人来接手，等和靠都是于事无补的，问题出现了，解决它才是唯一的出路。

李开复历任微软副总裁和Google中国区总裁等职，他是许多职场人士的偶像。

李开复初入职场时，曾经在苹果企业担任技术工程师。有一段时间，企业经营遇到了很大的问题，员工士气比较低落，整个企业的氛围都很压抑，如果不立刻找到突破口，问题会越来越严重。

本来这些问题对李开复来说似乎是"分外"的事情，他是搞技术的，不是搞市场的，经营问题本应该由市场部来解决。但是李开复没有这么想，他认为作为苹果企业的一分子，企业的问题就是自己的问题，自己应该主动帮助企业解决问题。

李开复积极开动脑筋，想方设法地为企业出谋划策，以帮助企业渡过难关。他写了一份题为《如何通过互动式多媒体再现苹果昔日辉煌》的报告，指出了企业存在这样一个现象：企业有许多很好的多媒体技术，可是因为没有用户界面设计领域的专家介入，这些技术无法形成简便、易用的软件产品。他建议，把多媒体技术作为企业打开市场的一个突破口。

报告被送到高层领导那里以后，他们非常欣赏这个想法，最后一致决定采纳李开复的意见。结果，苹果企业平安地度过了这次危机，李开复自己也很快他被提升为媒体部门的总监。

多年后，李开复遇到了一位当年在苹果企业的上司，对方感慨地对他说："如果不是那份报告，企业就很可能错过在多媒体方面的发展机会。今天，苹果企业的数字音乐可以领先市场，也有你那份报告的功劳啊。"

给企业一个
舍不得你的理由

可能职场中的大多数人都不会主动去揽这样的"分外事",自己职责之内的问题还没解决呢,何必"多此一举"呢?但是,那样的员工也永远成不了李开复,永远成不了职场中耀眼的成功人士。

很多人不愿意解决问题,不是没有解决问题的能力,而是缺少执行到位的意识。他们总觉得自己干的还可以就行了,遗留一点问题不要紧,执行不到位的结果也许一时半会儿看不出来,但是日积月累就会成为执行力的大问题。在工作中,无论大小问题,只要出现了都不应该放过,要做一个拥有完美执行力的员工。只有这样,我们才能在职场中做出令人瞩目的成就。

很多人在面对困难时,总会有这样的想法:"这个问题领导没有直接指示我去做,让技术部的同事们去处理吧!""客户对产品的质量提出了质疑,又不是我一个人生产出来的,我出这个风头干什么?""我已经把工作完成了,出现了新问题我可就不管了。"

这些想法或者做法是要不得的。工作中出现了问题,如果没有把问题解决掉,就是工作还没有做好。把问题留在那里,能说自己的工作做到位了吗?当我们遇到工作中的问题时,第一反应应该是:有效地解决它。

约翰先生要退休了,企业董事长格林先生做了例行讲话,强调了约翰对企业的贡献和企业对他的怀念。然而庆祝大会结束后,约翰就好像被人遗忘了一样。

其实约翰和董事长格林一起进入企业,格林并不比约翰聪明多少。但是格林很上进,经得起磨炼,不怕吃苦,遇到任何问题都不逃避,能完美地执行上司交给他的任务,而约翰却不然。

有一次,企业要约翰到南方去掌管分企业,但约翰觉得南方企业的问题很多,所以拒绝了。像这样的机会有好几次,他本来可以获得晋升的,但是他不愿意为企业解决问题,所以直到退休,他在企业领到的薪水最高不过7000美元,而格林却是他的100倍。

第 5 个理由
执行力强的员工让企业进步更迅速

约翰后来对自己的好朋友说:"其实,很多问题出现时,我都没有认识到这也是绝好的晋升机会,我看到的只是困难和自己的付出,所以最终,我什么也没有得到。"

在企业里,许多人对应该解决的问题都视而不见,不闻不问,这样缺乏完美执行力的员工自然不能得到幸运女神的垂青。一个优秀的员工,遇到问题时,会以"当仁不让"的态度,把工作中遇到的问题完美地解决掉。只有那些善于解决问题的、把工作做到位的员工,才能得到重视并得到更大空间和机会。而害怕面对问题,把问题留给别人,就是把机会让给别人。

工作中,能否解决问题,表面看起来与机遇没有关系。但是,只要把工作中的每一件事都干好,把遇到的每一个问题都处理好,让自己拥有完美的执行力,那么你最终就能开启成功的大门。

◆拥有战略,不如拥有执行力

对于一个企业来讲,没有完美的执行力,便没有竞争力。拥有再长远的战略,再完备的规划,如果执行不到位,那么,企业仍将在激烈的市场竞争中处于下风,并最终被淘汰。一个良好的战略只有在完美执行后才能显示其价值,对于一个企业来讲,将既定战略执行到位是成功的关键因素。

布置好并不等于完成好,领导吩咐得再好,如果下属没有不折不扣地把工作落到实处,效果就会大打折扣。一项计划、一个目标的完成结果不仅仅取决于事前的考察、设计,更在于执行是否到位。执行不到位,再好的

给企业一个舍不得你的理由

规划和预期,也只能是纸上的蓝图、海市蜃楼,使结果与预期大相径庭。唯有切实地把工作做好,才能完美地体现初衷。员工应该经常反思自己的工作,自己的工作计划是否已经执行到位了?上司的工作方案有没有在执行中走样?

贝聿铭是美籍华裔建筑师,他在1983年获得了普利策奖,被誉为"现在建筑的最后大师",在业内有着极为崇高的地位。他认为建筑必须源于人们的住宅,他相信这绝不是过去的遗迹再现,而是告知现在的力量。

然而,这位大师,其生平原本期望甚高的一件作品,却令他痛心疾首不已。

这件"失败的作品"就是北京香山宾馆,这也是贝聿铭第一次在祖国设计的作品。他想通过建筑来表达孕育了自己的文化,在他的设计中,对宾馆里里外外每条水流的流向、大小、弯曲程度都有精确的规划,对每块石头的重量、体积的选择以及什么样的石头叠放在何处等都有周详的安排;对宾馆中不同类型鲜花的数量、摆放位置,随季节、天气变化调整等都有明确的说明,可谓匠心独运。

贝聿铭说:"香山饭店在我的设计生涯中占有重要的位置。我下的工夫比在国外设计的有的建筑高出十倍。"他还说:"在香山饭店的设计过程中,我企图探索一条新的道路。"

该设计还吸收了中国园林建筑特点,对轴线、空间序列及庭园的处理都显示了建筑师贝聿铭良好的中国古典建筑修养。贝聿铭说,他要帮助中国建筑师寻找一条将来与现代相结合的道路。这栋建筑不要迂腐的宫殿和寺庙的红墙黄瓦,而要寻常人家的白墙灰瓦。

在香山的日子里,贝聿铭通常把意念传达给设计师后,就去做别的工作,然后定时回来监督进度,再向客户报告。香山饭店是他个人对新中国的表达,因此他悉心照顾。

但是,工人们在建筑施工的时候对这些"细节"毫不在乎,根本没有意

第5个理由
执行力强的员工让企业进步更迅速

识到正是这些"细节"方能体现出建筑大师的独到之处。他们随意改变水流的线路和大小,搬运石头时不分轻重,在不经意中"调整"了石头的重量甚至形状,石头的摆放位置也是随随便便。

看到自己的精心设计被工人弄成这个样子,贝聿铭痛心疾首。这座宾馆建成后,他一直没有去看过,他觉得这是自己一生中最大的败笔。

每一个领导都会对下属有要求,这些要求都会指向明确的结果,每一个企业都会有战略目标,同样地,每一个目标都会有最终的预期,但是,现实的结果往往与目标之间存在很大的差距,要么没有完成任务,要么结果偏离了目标。问题出在哪里呢?关键就是执行不到位。

执行不到位,还不如不执行;布置得再好,不等于结果一定出色。因为,这两者之间还隔着关键的执行。执行到位,就会产生预期的工作结果;如果执行得不到位,结果就可能"差之毫厘,谬以千里"。

对于企业来讲,要实现发展就必须建立一整套与市场相匹配的战略规划,以及和实际操作相结合的内部运作方案,并要下定决心保证方案执行贯彻到位,保证将每一项制度、工作落到实处。

美国通用电气在其财务年报里骄傲地宣称,通用企业一旦确定一个策略,便可以在两个月内执行到位,这就是通用企业不断发展壮大的根本原因,这种良好的执行力是值得我们内部企业学习的。

我国某地一家企业因为经营不善,濒临破产,无可奈何地被一家日资企业兼并了。

日方派了一位经理来管理,员工以为这位外国经理肯定要大刀阔斧地改革一番,不知道会给工厂带来什么样的先进技术或者设备。令人感到意外的是,这位经理几乎什么也没改变,除了财务部门带来一个日本人以外,其他工人一个也没动。工厂里原先制定的规章制度也没变,就连生产设备也没任何改变。

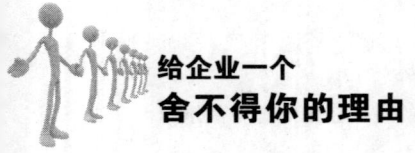

给企业一个
舍不得你的理由

日方经理就一个要求，就是把这个企业先前制定的各项制度、方针、政策坚定不移地贯彻落实下去，执行不到位的员工坚决按照惩罚措施来处理。结果不出一年，企业就实现了扭亏为盈。

布置好是一件很容易做的事情，但是完成好却并不轻松。完成好需要员工有良好的执行力，执行力是把纸上谈兵化成实际战果的唯一纽带。对于身为企业一员的员工来说，不仅要深刻理解企业领导布置的任务，更要在工作中做到执行到位，把企业布置的任务完成好，做一个拥有完美执行力的优秀员工。

任何一项工作、任务的完成，都是执行力发挥作用的结果。没有执行力，再完善的制度也是一纸空文，再理想的目标也是画饼充饥，再正确的政策也只能望梅止渴。对于一个企业而言，战略固然重要，但更重要的还是布置好任务之后确保完成好。

真正有执行力的员工应当把领导布置好的任务完成好，把工作做到位，不折不扣地贯彻落实企业的各项要求。这样，企业之树才能常青，个人在职场上也才能取得一个又一个胜利。

◆最后的执行力度决定着全局

古人说的"行百里者半九十"，很有道理。执行的关键往往在最后，最后步骤如果不到位，就会前功尽弃，前面的付出也就白费了。

荷花开放的时候，第一天只开一小部分，到了第二天，它们就会以前一天两倍的速度开放。到了第 30 天，就开满了整个池塘。很多人认为，到第

第5个理由
执行力强的员工让企业进步更迅速

15天时,荷花会开一半。然而,并非如此。事实是,直到第29天时,荷花才仅仅开满一半,最后一天才会开剩下的一半,让荷花布满整个池塘。可以说,最后一天的速度最快,等于前29天的总和。

荷花差一天也不能开满池塘,事情差一步也会与成功失之交臂。越到最后,事情就越关键、越重要,所以,执行一定不能忽略最后的一步,最后的一步往往才是最关键的,是对结果影响最大的。

执行的关键在于到位,就像我们烧开水一样。前面烧得再旺,如果只烧到99摄氏度就停下来了,那么它仍然只能叫做热水而不能叫做开水,差一度都不行。99度跟100度之间,相差仅仅一度,但却是一个量变到质变的飞跃。要实现完美的执行,不能忽略最后的步骤。

某位企业家讲了一个自己亲身经历的故事:在沿海大开放的时期,他应聘到了当地的一家创办不久但已经有了一定影响力的报社。当时那家报社最缺乏的是广告业务,而他上班不久就给单位带来了一份很大的见面礼。他的一位朋友要到这个城市的开发区投资,并计划在当地投放价值总计83万元的广告。在他个人的努力下,朋友最终将这笔业务给了他。因为业绩突出,报社准备提拔他为副社长。

开发区举行奠基仪式那天,他带上了社里最优秀的记者和广告部全体人员,赶到现场,计划进行大幅度宣传。在奠基仪式结束后,有位朋友邀请他去唱卡拉OK放松一下。盛情难却,再说他也感觉自己的工作基本完成了,已经到了收尾阶段,于是他向下属交代了一下就去了。那天,他玩到凌晨一点多钟才回家。

但是第二天早上,他就被社长一通训斥。原来,这天他们出版的报纸犯了一个最不应该出现的错误。头版头条的新闻标题本来应该是:"某某开发区昨日奠基。"而摆在他面前的大标题却是:"某某开发区昨日奠墓。"

当时南方沿海城市的企业都特别重视"彩头",喜欢吉利的数字和文字,

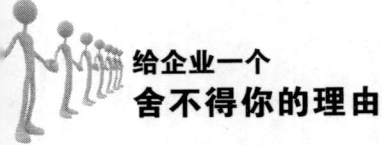

给企业一个舍不得你的理由

而把"基"写成"墓",毫无疑问是犯了企业的大忌,更何况这还是开发区项目正式启动的第一天。

结果可想而知,朋友一怒之下取消了83万元的广告订单。不仅如此,报社的声誉也因此受到了很大影响,一些原本准备在这家报纸上投放广告的客户,也取消了自己的计划。

本来,他自以为派出的是报社最优秀的记者,可以非常放心,而且他离开之前,还特意请副总编对稿子严格把关。记者的稿子确实写得很好,但他手写的稿件字迹却很潦草,"基"和"墓"看起来非常相似。

稿子到了排版人员那里,排版人员想当然地把"基"字当成了"墓"字。稿子排完版后,交到副总编那里,正赶上副总编家里有急事,于是他只匆匆看了一眼,并没发现这个错误,就签发了。

于是,原本想在那座城市大展宏图的他,黯然地告别了自己的梦想。

从表面上看,这位企业家前期工作做得很不错,但是,由于最后一个小环节没有落实到位,不仅"煮熟的鸭子飞了",而且还给单位的形象和声誉造成了不可挽回的损失,所以说,最后的步骤不到位,前面的执行就是白执行,甚至会带来比不执行还要恶劣的后果。

在执行的过程中,常常会因为相关人员的疏忽大意,不能够执行到位,致使之前的努力前功尽弃,功亏一篑。最后,给自己和企业带来巨大的损失,甚至会留下终身的遗憾。

很多人之所以执行不到位,原因往往在于自认为前面的步骤完成得很好了,很快就可以万事大吉了,因此心理上放松了,忽略了最后的步骤。最后的步骤之所以重要,是因为只有做好最后一步,成果才会显现出来,少做一分都不行。前期工作做得细致周到,最后的步骤又毫不放松地落到实处,这样的执行才能获得成功。

小陈和小张在同一家酒店的餐饮部实习。

第5个理由
执行力强的员工让企业进步更迅速

一次,一位住在酒店的客人到餐厅吃饭,菜已经上桌了,他却接到一个电话。之后,他叫住了正在为他服务的小陈。"真不好意思,朋友突然找我有急事,我必须现在就去,菜先放在这里,一会我回来再吃。"小陈微笑着点了点头,准备让他走。

这事本来与小张无关,但是,她却走过去,面带微笑诚恳地对客人说:"先生,请您放心,我们一定将您的菜留着。不过我们酒店有规定,需要先付账,希望您能理解我们的做法。"

"那好,我去前台签单吧。"客人爽快地答应了下来。然后,她笑容满面地带着客人到前台签了单。

客人出去后,很晚才回来,她就一直等在那里,还通知厨房留一个人值班,等客人一回来,她马上让厨房的人将热好的饭菜给客人端了上来。

不仅是这件事,工作中的每一件事,小张都要求自己做到位。就这样,小张从一个小小的服务员开始,一步步地走了上来,不到30岁就当上了酒店的副总。

在工作中,人们往往都很重视开头。"良好的开始是成功的一半",工作开始时往往热情高、干劲足,执行起来精力集中,全力以赴,但是,很多人往往坚持不到任务结束,忽略最后步骤的重要性,以至于功败垂成,不能笑到最后。

因此,在职场上行走,我们要时时刻刻告诫自己,完美的执行需要善始善终,不能虎头蛇尾,如果最后步骤执行不到位,前面就是白执行。

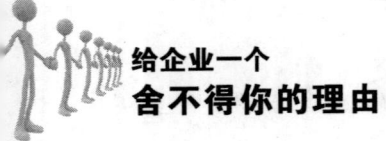
给企业一个
舍不得你的理由

◆把简单的事做到不简单

衡量一个员工是不是称职的标准就是看他是不是能把每一件事都完成得很好。一个优秀的员工，总能把每一件事都做得很成功，把每一件简单之事都做到不简单，把每一件平凡之事做不平凡，这样的人需要有很强的执行力。

每个人都希望自己是职场中的精英，是商场上的英雄，但是并不是每个人都能如愿以偿。小事情虽小，但是需要动手、用心去做。比起那些好高骛远，却从不动手做小事的员工，我们更欣赏在自己的岗位上做着简简单单的事情的员工。因为这些员工虽然做的是简单的事情，但是如果能长期坚持贯彻下去，简单的事情也会积累一定的成果，而那些好高骛远却从不动手的员工，不去做，不去贯彻，一辈子也别想拥有成功。一个企业的业务是由一些大事小事构成的，如果那些连简简单单的小事都不去做或者做不好的人，企业怎么敢让他们干大事呢？

薛洋是一个影视工作室的后期剪辑实习生，他刚大学毕业，去企业不到几天，薛洋发现企业里都是一些在后期剪辑方面已经做了七八年的行家，他想，自己在这种高手如云的地方一定能学到很多东西，毕竟，近水楼台先得月嘛！

刚进企业的时候，薛洋就知道企业一定是从最基础的东西让他做起，但是却没想到基础得让他大跌眼镜。主管居然让他天天就端茶送水，而且

第 5 个理由
执行力强的员工让企业进步更迅速

一送就送了几个星期,薛洋心里非常不平衡,但是自己是来学习的,虽然天天在做跑腿的事,但是相对于刚来时大家对自己冷冰冰的态度,现在因为自己满脸堆笑地送水送咖啡,大家已经开始慢慢真心地接受他了。这也是一个磨炼自己的机会,一个连水都送不好的人能干什么呢?薛洋送水送得更真心诚意了,不但及时地送水换水,还把饮水机和办公室打扫得干干净净,从来没有在脸上表现出丝毫的不耐烦和抱怨。几个星期之后,企业觉得薛洋工作态度非常好,终于让他开始剪一些简单的片子,而且有不懂的地方,别人也会帮他解决。

把简单的事情做到不简单是一句很容易说的话,但是真正做到的又有几个人呢?有些员工总是一天到晚不停地抱怨企业不给自己机会,领导对自己重视不够,但是机会到来的时候你真的紧紧把握住了吗?企业给你分配的最简单的事情是给你机会,是对你器重,将这些事情做好了,你就一定会受到重用。

干一行爱一行,干一行就要干好一行,世界上没有低级的工作,也没有简单的行业,不管现在你在企业担任什么职位,做什么样的事情,都不要眼高手低,将事情做到最好就是获得升迁的最好方法。人们常说:"是金子总会发光。"总有一家企业会发现你,让你实现自己的价值。

谁是最可爱的人?就是那些兢兢业业,为自己的本职工作尽心尽力的人,就是那些不以事小而不为的人,就是那些将简单的事情做得不简单的人。所以,一个普通的员工也好,一个大企业的领导也好,只要把最简单的事情用最高涨的热情出色地完成了,就是一个不简单也不平凡的成功者了。

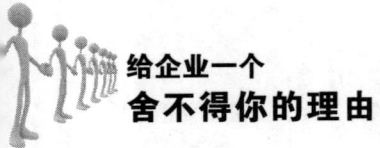
给企业一个
舍不得你的理由

◆朝着结果努力,不要瞎忙活

无论什么行业,也无论在什么岗位上,人们的工作其实有一个相同点,那就是追求某种"结果",实现自己的价值。管理人员、基层员工都在"忙",尽管忙的内容不一样,目标也不一样,但都是奔着"结果"去的,没有结果的忙就是就是做无用功,就是瞎忙活。

对于员工个人来说,工作是一个不断解决问题、最后取得结果的过程,成功之门必将为那些能取得预期结果的人敞开。如果在工作中,花费了大量的时间精力,却效率低下,收效甚微,到头来只是转了一大圈,却没有取得预定的结果,那么,这种工作就是失败的。

在20世纪70年代的时候,韩国三星还只是一家为日本三洋企业做贴牌生产业务的加工厂,主要产品是利润微薄的廉价黑白电视机。到了20世纪90年代,尽管三星企业凭借自己在全球半导体芯片行业里的突出成绩,无论在产量还是企业规模上都获得了长足发展,但是在很多欧美国家的顾客眼中,三星仍是一家只会模仿别人技术、生产低端产品不入流的企业。

当年,索尼的笔记本电脑因为设计精巧而在市场上畅销,而三星开发笔记本电脑要比索尼晚得多。在笔记本电脑领域,为了与索尼企业经典的VAIO系列产品一较高下,三星高层要求研发人员要按照比索尼企业同类产品薄至少一厘米的高标准来努力。

"薄至少一厘米",在当时看来这几乎是一个不可能完成的任务。

第 5 个理由
执行力强的员工让企业进步更迅速

当时，主攻技术创新的陈大济带领研发团队接手了这项艰巨的任务。研发人员勇于承担责任，并没有因为这项任务看似不可能完成而放弃努力。因为他们知道，如果实现不了比索尼产品"薄至少一厘米"的目标，三星笔记本电脑就超不过索尼。三星的研发人员经过 8 次反反复复的实验与提高，终于实现了目标，达到了预期的结果。

全球最大的计算机企业戴尔看到三星的产品后非常欣赏，他们马上派人采购，三星一下子得到了 160 亿美元的采购合同，成为高端笔记本生产的巨头之一。

如今，三星已经在众多的数码产品领域掌握了一系列尖端技术，例如 CDMA 手机、液晶显示器、超薄笔记本电脑等。三星企业在美国国家专利局申请产品专利的数量排名，也攀升到了第六位，已遥遥领先于索尼、三菱和日立等日本著名企业。正是三星企业的每一名员工对企业的责任感，忙就要忙出结果来的执行力，让三星不断发展壮大。

在工作中，一个具有完美执行力的员工，在成功心态的驱动下，会竭尽全力，利用各种方法取得预期的结果。这样的员工是在为提高工作效率而"忙"，而不是像无头苍蝇一样四处乱撞，白白浪费时间和精力。在工作的过程中，他们的目的很明确，就是要结果，并最终做出出色的结果。因此，当我们在工作中接受某一项任务，并被要求提供一定的结果时，就要拿出高效的执行力，力求把最完美的结果带给企业。当然，这样的员工也会得到企业相应的回报。

有一位叫罗伯特·克里斯托弗的 26 岁的美国人，想用 80 美元来周游世界，他坚信自己只要按照这个目标一步步地去做，就能实现。他做了如下一些准备。

首先，他领取到了一份可以上船当海员的文件；然后他去警署领取了无犯罪记录证明；又取得 YMCA（美国青年会）的会籍；还考取一个国际驾

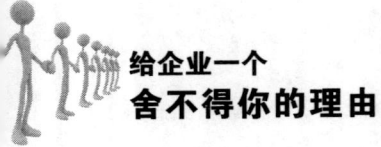

给企业一个
舍不得你的理由

驶执照,并找来一套世界地图;与一家大企业签订合同,为之提供所经国家和地区的土壤样品;同一家航空企业签订协议,可免费搭机,但要拍摄照片为企业做宣传。

于是,罗伯特开始了自己的旅行。他用给厨师拍照换取免费的午餐,用一箱香烟换取船长让他搭船的机会,用同样的方法坐了免费列车,等等。

最终,通过为达到目标而进行的一步步行动,罗伯实现了他用80美元周游世界的梦想。

罗伯特非常清楚地知道自己要达到的结果是周游世界,而且是尽量不用花一毛钱,所以,他所有的工作都是为着这个结果进行的,花最少的钱或者不花钱搭车搭船搭飞机,最终怀揣着80美元来了一次完美的环球旅行。

提高效率才能保障执行力,工作就要指向结果。要达到预期结果最好是掌握良好的工作方法,而不是延长工作时间。有些人起五更,忙半夜,似乎每天都有忙不完的事情要做,他们为了完成任务而拼命加班,搞得自己焦头烂额,结果却往往不尽如人意。

在工作中提高效率,更快更好地完成任务,并不是说要以牺牲自己的休息时间为代价,那样只会损耗体力和精力,只会把工作的战线越拖越长,使效率更加低下。我们要提高工作效率,提高时间利用率,这样才能从工作中享受到乐趣,从结果中获得成就感,因此,优秀员工的工作应该是高效的,是能够获得预期结果的。

第 5 个理由
　　　　执行力强的员工让企业进步更迅速

◆把领导的想法变成现实

要完成上级交付的任务就必须具有强有力的执行力,使工作任务不折不扣地落实到位。一个员工接受了任务就意味着作出了承诺,而完成不了自己的承诺也不应该找任何借口和理由。

通常情况下,领导肯定是有过人之处的,要不然也不可能成为我们的领导。领导考虑事情的范围比我们广,考虑事情的后果也比我们周全。当领导下达命令后,当你的思想里认为领导下达的是一个正确命令时,便要全身心地去执行这个命令,让这个命令变成现实。

喜欢足球的人都知道,德国国家足球队向来以作风顽强著称,因而在世界赛场上成绩斐然。德国足球成功的因素有很多,但有一点特别重要,那就是德国队队员在贯彻教练的意图、完成自己位置所担负的任务方面执行得非常得力,即使在比分落后或全队困难时也一如既往。

你可以说他们死板、机械,也可以说他们没有创造力,不懂足球艺术,但成绩说明一切,至少在这一点上,作为足球运动员,他们是优秀的。

无论是一支足球队还是一名员工、一个企业,如果没有完美的执行力,就算有再多的创造力也可能没有什么好的成绩。

锋士·隆巴第,美国橄榄球运动史上一位伟大的橄榄球队教练,在他的带领下,美国绿湾橄榄球队成为了美国橄榄球史上最令人惊异的球队,创造出了令人难以置信的成绩。看看锋士·隆巴第的言论,能从另一个方面让我

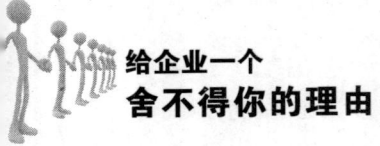

们对执行力有更深刻的理解。

锋士·隆巴第告诉他的队员:"我只要求一件事,就是胜利。如果不把目标定在非胜不可,那比赛就没有意义了。不管是打球、工作,都应该'非胜不可'。"

"比赛就是不顾一切。你要不顾一切拼命地向前冲。你不必理会任何事、任何人,接近得分线的时候,你更要不顾一切。没有东西可以阻挡你,即使是战车或一堵墙,或者是对方有 11 个人,都不能阻挡你,你要冲过得分线!"

在比赛中,绿湾橄榄球队的队员们的脑海里除了胜利还是胜利,正是有了顽强的信心和坚强的意志,才拥有了完美的执行力。对他们而言,胜利就是目标,为了目标,他们奋勇向前,锲而不舍,没有抱怨,没有畏惧,没有退缩,不找任何借口,他们是所有雇员的榜样。

无论干什么工作,都需要这种不找借口甚至有抱怨也要不折不扣地去执行落实的人。当然,仅仅知道执行是不够的,执行的同时还要讲究效率。当今社会,瞬息万变,很多机会都是稍纵即逝,作为员工,还必须做到立即执行,这样成功才会最大限度地垂青于你。

要做到立即执行,有两点是必须要牢记在心的:

第一,最理想的任务完成期是今天

作为员工,任何时候都不要期望工作的完成期限会按照你的计划而延后。成功的人士都会谨记工作期限,并清晰地明白,在所有领导的心目中,最理想的任务完成日期是今天。一个总能在"今天"就完成工作的员工,永远会走在别人的前面。

现今社会,商业社会的节奏正以令人眩目的速率快速运转着,大至企业,小至员工,要想立于不败之地,都必须奉行"把工作完成在今天"的理念。

领导,百分之百是"心急"的人,为了生存,他们恨不能把一分钟分成两分钟使,所以,要领导白花时间等你的工作,比浪费金钱更叫他心痛,失去

第5个理由
执行力强的员工让企业进步更迅速

一分钟,他就有可能失去整个计划的成功。

平心而论,没有哪个不讲效率者能成为领导,也没有哪个领导能长期容忍办事拖沓的员工。你要想在职场中一路顺风,最实际的方法,就是满足领导的愿望,让手中的工作消化在"今天"。对领导交代的工作,要在第一时间内处理掉,争取让工作早点完成,让领导放心。

第二,做任何事情都没有万事俱备的时候

"万事俱备"固然可以降低你的出错率,但是致命的是,它会让你失去成功的机遇。期盼"万事俱备"后再行动,你的工作也许永远都无法开始。

很多时候,你若立即进入工作的主题,便会惊讶地发现,如果拿浪费在"万事俱备"上的时间和潜力处理手中的工作,往往会绰绰有余,而且,许多事情你若立即动手去做,就会体会到其中的快乐,一旦延迟,愚蠢地去等待"万事俱备"这一先行条件,不但辛苦加倍,还会增加成功的难度。

一个艺术家行走在路上时,某种灵感如同闪电般闪现在他的脑海里,如果他在那一刹那迅速执笔,把他的灵感画在纸上,必定是一件惊世之作。如果这个艺术家一定要等着回到画室,展开画布,调好颜料,万事俱备了才执笔捕捉,结果很可能是美好的灵感火花早已模糊甚至消逝,难觅其踪了。

有人讥讽地评判说,做事奢求"万事俱备"的人,是最容易失败的人,因为它会窃取你宝贵的时间和机遇,让你的工作不能迅速、准确、及时地完成,从而毁掉你走入领导视线的机会。你若希望自己能以"积极者"的形象在领导心中生根发芽,那么请赶快鞭策自己摆脱万事俱备的桎梏,立刻去行动吧,只有"立即行动",才能挟制"万事俱备"的第三只手,把你从"万事俱备"的陷阱中拯救出来。一旦你具备了立即行动的做事风格,你也就会成为领导心中的一块"宝"。

第 6 个理由
有效率的员工让结果变成成果

　　为什么你要一天才能完成,而别人只需半天甚至一个小时就能完成工作呢?为什么你感觉天天都在忙碌,却似乎没有任何成果?

　　在工作中,这些问题也许总是困扰着你,如果你总是效率低下,还会影响到自己的工作业绩,所以,提高工作效率是一个需要刻不容缓解决的问题。提高工作效率需要不断进行体会、思考和交流,如果发现自己在工作中存在的降低工作效率的行为,就要立刻加以改进。

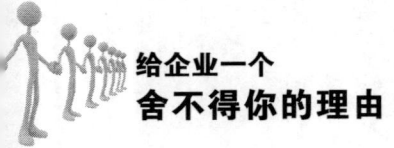
给企业一个
舍不得你的理由

◆找对方向,才能避免瞎忙活

> 方向比距离更重要。如果方向错了,你不仅白忙一场,还可能离成功越来越远;如果方向正确了,即使走得慢也能做出效果,会一步一步靠近成功。

很多高尔夫球手都尽力把球打得更远。这项运动要求几个动作同时进行,在此过程中,各种错误都可能发生。高尔夫球教练总是教导球员说,把球打直要比打远更重要,方向比距离更重要。工作就像打高尔夫球,如果方向错了,不仅白忙一场,还可能离成功越来越远;如果方向正确了,即使走得慢也能做出成效,一步一步靠近成功。因此,工作时要经常看看自己的工作方向是否正确。

关于这一点,"康师傅"之父魏应行的成功给了我们很大的启示。"康师傅"的老板并不姓康,而是来自中国台湾顶新集团的魏应行。他1988年到大陆创业,先后推出"清香食用油"、"康莱蛋酥卷"和另外一种蓖麻油产品,并大做电视广告。虽然广告深入人心,但由于当时大多数人的消费水平尚在温饱阶段,所以这些高级产品滞销,均以失败告终。

到1991年,魏应行带来的1.5亿元新台币血本无归,他只好放弃投资大陆的计划,收拾行李返回台湾。在火车上,由于不习惯火车上的饮食,他自带了两箱方便面,没想到这些在岛内非常普通的方便面引起了同车旅客的极大兴趣,有人围观甚至询问何处可以买到。

第6个理由
有效率的员工让结果变成成果

魏应行马上敏锐地捕捉到了这个市场的巨大需求,把握了主流方向。当时大陆生产的方便面很便宜,但是质量一般,多为散装;国外进口的方便面质量好,但是五六块钱一碗,相对于当时大多数人的消费水平来说太贵了。魏应行吸取了以前方向错误的教训,决定生产一种物美价廉的方便面,根据大陆消费者的消费能力,把售价定为1.98元人民币。

方便面生产线投产后,魏应行又开始考虑方便面的营销问题。经过深思熟虑之后,他根据大陆人的喜好,决定使用一个笑呵呵、很有福相、很有亲和力的胖厨师形象,即后来的"康师傅"品牌。

1992年8月21日,"康师傅"第一碗红烧牛肉面诞生。亲切的形象,适合国人的口味,再加上1.98元一包的价格,使得"康师傅"几乎一问世便被顾客接受和喜爱,并掀起一阵抢购狂潮,成为方便面的品牌代名词。

魏应行之所以能够取得成功,正是他认识到了"清香食用油"、"康莱蛋酥卷"等产品超出了当时大多数消费者的消费水平,犯了方向性的错误。调整方向后,他开始致力于物美价廉的方便面,方向对了,"康师傅"品牌的成功也就自在情理之中。

方向正确了,才能避免弯路,才能做正确的事,避免瞎忙。我们在工作中千万不能像老黄牛一样埋头拼命拉车,而要在"百忙"之中抬头看看方向,随时反省和思索最根本的方向性问题。

杜海是一家出租车企业的司机,他的工作效率非常高,总是能在最短的时间内将乘客送到目的地。因此只要坐过他车的乘客几乎都会主动地和他要联系电话,以备下次继续乘坐,刘斌便是其中一位。

刘斌是某企业业务员,这天企业有一个非常重要的会议,不能迟到。怎料,这天刘斌早上起床晚了,出门时离会议开始时间只有20分钟了。他急忙打了一辆出租车。匆匆忙忙上车后,刘斌对司机说:"司机先生,拜托你走最短的路!快!"

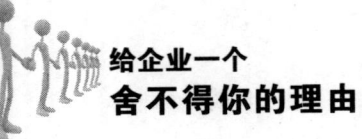
给企业一个
舍不得你的理由

这名司机正是杜海,他并没有立即开车,而是回过头来问道:"先生,我看你好像是赶时间吧,我认为咱们要走最快的路,而不是最短的路。"

"最短的路不就是最快的路吗?司机先生,我真的很着急。"刘斌有些恼火。

杜海耸了耸肩,说道,"当然不是,现在是交通繁忙时间,最短的路随时都有可能发生交通堵塞,那样会耽误很多时间的,所以我建议你改变一下方向,虽然这样多走了一点路,但却是最快的方法。"

听了杜海的建议,刘斌选择走了最快的路。杜海所言没错,途中他们看到有一条街道交通堵塞得水泄不通,那正是最短的路。最后,虽然路程较远,但因为畅通无阻,杜海及时到达了企业。

正是由于如此聪明、高效的工作方法,杜海得到了众多乘客们的一致好评,每天的工作业绩也比其他司机好不少。他年年被企业评为优秀员工,后来还被老板提拔为所在小组的主管。

在上面的故事中,杜海没有像大部分司机一样乘客一上车就急着开车赶路,而是先观察从哪个方向走才能避开交通拥堵的情况,以便最快到达目的地。正确的方向才能少些无用的忙碌,才能高效率地完成工作,进而得到企业的认可和赏识。

当你整日为了销量忙忙碌碌、为了市场四处奔波、为了业绩疲于奔命,结果却是销量下滑、市场疲软、业绩无增的时候,你是不是应该暂时停下来一会儿,认真想一想自己的工作方向是否正确?比如,你目前做的是否对销量增长无益的事情,你开发的是否早已被企业舍弃的市场……

第 6 个理由
有效率的员工让结果变成成果

◆让合理的计划提高工作效率

每天只需要花 10~20 分钟,你就可以为当天的工作做个计划,这 10~20 分钟的投入将为接下来的行动节省 100 分钟,甚至 1000 分钟,效率、业绩及投入产出比提高 25%~200%以上。

或奔波于上下班途中,或穿梭于单位各部门之间,或坐在电脑旁处理一大堆文件、材料……繁忙的工作任务、沉重的压力和责任,是不是让你觉得工作杂乱无章、没有效率,似乎永远没有出头之日?

这种状态怎能赢得企业的倾力扶持呢?那么有什么可以解决这种状况吗?

有!这就是每天制订工作计划!

《如何掌控你的时间与生活》一书的作者拉金说过:"一个人做事缺乏计划,就等于计划着失败。有些人每天早上预定好一天的工作,然后照此实行,他们就是工作的主人;而那些平时毫无计划,靠遇事现打主意过日子的人,只有'混乱'二字。"

一般工作计划包括 4 大要素:

1.工作内容:即做什么

2.工作方法:即怎么做

3.工作分工:即谁来做

4.工作进度:每一段落的目标

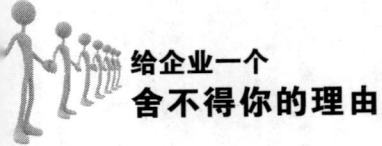
给企业一个
舍不得你的理由

拟定工作计划是一件非常重要的事，可以对自己的工作行程、同事的活动、上司的预定计划、企业的整体动向等事情一目了然，增强工作的主动性，减少盲目性，使工作有条不紊、高质高效地进行。

一个商人开了十几年的企业经营越来越不好，只好宣布破产。他沮丧地找到智者，不解地问道："我夜以继日、马不停蹄地经营着生意，对每一位客户都很真诚、热情，为什么会失败呢？"

智者好意地劝说道："一次失败不代表什么，你可以从头做起。"

"什么，从头做起？我做得已经很努力了，还遭遇了失败，从头做起还不是一样的结果吗？"商人不明白地问道。

"不！如果你把目前经营的情况列出来，然后再列出一份经营计划的话，从头开始不是难事。你现在最需要的就是制订一份工作计划，然后按照你的计划重新开始。"智者坚定地说。

商人想了想，说道："事实上，早在10年前我就想制订一份工作计划了，但是一直没有去做。不过，这次我愿意认真地试一试。"结果证明，一年后，他的企业开始重建，3年后便开始扭亏为盈。

值得一提的是，在制订工作计划时，有一个非常著名的"大腊肠切片法"。所谓"大腊肠切片法"，就是将繁重的工作分成几个易处理的步骤，步骤的幅度越小越好。这就像一条未被切割的大腊肠，庞大、皮厚、油腻，难以入口；如果切为薄片，你就可以马上轻松地享用。

假设你今天的工作任务是整理12份文件，你有8小时的工作时间，那么就可以如此进行计划：将时间砍成4段，每两小时做三份文件，一小时做一份半文件；做完一份半，再做下一个一份半……

无论你从事的是多么普通的工作，即使你非常忙，也要抽时间找个地方简单列一下计划，这样你就能实现工作的高效率，充分施展自己的才能，积累被企业倾力扶持的资本。坚持将你的工作计划进行下去吧！

第 6 个理由
　　　　　有效率的员工让结果变成成果

◆专注工作才能出好成绩

要想在自己的工作岗位上做出成绩,首先你要专注于自己的工作。要知道,你专注的程度越大,你在工作中取得成绩的可能性也就越大,你的发展机会也就越大。否则,你将一事无成。

有的人做了一辈子事儿,却没有一件能让人记住的;有的人一辈子只做了一件事儿,就让人记住了。成功其实不是什么难事儿,最重要的就是你要能够收住心,专心做事。

20世纪80年代,有一位在国内有一定影响力的花鸟画家,他16岁时就举办了个人画展,其多幅作品被选送至日本、意大利、美国、法国、苏联等国展出,被誉为"画童"、"小天才"。

一次画展招待会上,有人问画家:"现在的画家很多,你是如何从众人中脱颖而出的呢?其间的过程是不是很不容易?"

画家微笑着摇摇头,回答:"一点都不难,而且我差一点当不了画家。小时候我兴趣非常广泛,我也很要强。画画、游泳、拉手风琴、打篮球,必须都得第一才行。这当然是不可能的,有段时间我心灰意冷。"

众人都很好奇,画家解释道:"老师知道后,找来一个漏斗和一捧玉米种子,让我双手放在漏斗下面接着,然后捡起一粒种子投到漏里面,种子便顺着漏斗滑到了我的手里。老师投了十几次,我的手中也就有了十几粒种子。然后,老师一次抓起满满的一把玉米粒放在漏斗里面。玉米粒相互挤

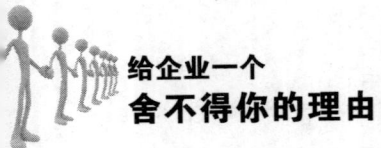

给企业一个
舍不得你的理由

着,竟一粒也没有掉下来。"

顿了顿,画家接着说道:"经老师点拨后,我放弃了游泳、篮球等项爱好,这大半辈子都只坚持学习画画,这也许就是我画画比较好的原因吧。我想,如果我当初什么都学习的话,可能现在我什么都不是。"

俗话说"一心两用难成事",一项工作应当用100%的心思才能完成,而你却在头脑里想着其他事情,注意力向四面八方分散,其结果不言而喻,必然把工作搞得一团糟,工作效率大打折扣,不仅浪费了宝贵的时间,还凸显不出自己的工作能力!

我们知道,有经验的花匠习惯于把许多能够开花结果的花蕾剪去。他们为什么这么做呢?那些花蕾不是一样可以开出美丽的花朵吗?原来,花匠是为了将所有的养分集中在有限的花蕾上,这样花才会开得大、开得美。

就像培植花木一样,你也要学会拿起剪刀,剪除那些分散你精力的、无关紧要、杂乱无章的念头,以保证自己能够在工作时间聚精会神地面对自己的工作,这是提高工作效率、取得成就的最有效的方法之一。

法国文豪大仲马一生所创作的作品高达1200部之多。对于有些作家来说,如此惊人的数字根本是不可能完成的任务。是大仲马与生俱来的写作天赋造就了他吗?不是!这源于大仲马总是能聚精会神地专注于写作上,只要一提起笔,他就会忘记吃饭,就连朋友找他,他也不愿放下手中的笔,总是将左手抬起来,打个手势以表示招呼之意,右手却仍然继续写着。就如哲学家亚当斯所说:"再大的学问,也不如聚精会神来得有用。"这句话正是大仲马的最佳写照。

专心工作,可以让我们的工作更有效率。即使工作任务再多,你也要一件一件地进行,做完一件事情就了结一件事;全神贯注于正在做的事情,集中精力处理完毕后,再把注意力转向其他事情,着手进行下一项工作。

苏利是某一快餐厅的服务员,由于这家快餐厅毗邻商务区,每天中午

第6个理由
有效率的员工让结果变成成果

都是人潮涌动,时间宝贵的上班族们都是争先恐后地点餐。可是,苏利看起来一点也不匆忙和紧张。

"您好,请问您要点什么?"苏利一边倾斜着上半身,以便能倾听到对面女顾客的声音,一边飞快地填写点餐单。

这时,有一个看起来很焦急的中年男子,快步走到苏利面前,试图插话进来。苏利态度坚决,但很客气地说道:"您好,请您去后面排队。"然后继续和眼前这位女顾客说话,"您只需要这些是吗?请您到用餐区等候。"

女顾客转身离开,苏利立即将注意力转移到下一位顾客。一会儿,刚才的女顾客又回头说:"我还想加些东西。"这一次,苏利已经集中精力在眼前的顾客上,她礼貌地对刚才的女顾客说了一句:"请您稍等!"等到这位顾客点完东西,转身离开,苏利这才立即将目光转向女顾客,"请问您还要加些什么?"

餐厅评选"最尽职尽责的服务员"时,苏利当选。有人问她:"整天面对那么多的顾客,你怎么能够让每一个顾客都很满意。而且你看起来始终那么得心应手、轻松自如,你有什么办法吗?"

苏利笑笑,回答道:"工作虽然忙,但这就是我的工作,我要认真对待。至于方法,没什么特别的,我只是单纯处理一位顾客,忙完一位,才换下一位。在一整天之中,我一次只服务一位顾客。"

专心工作是一种能够提高自己工作效率和工作满意度的工作技巧。你专注的程度越大,你在工作中取得成绩的可能性也就越大,你的发展机会也就越大。

给企业一个
舍不得你的理由

◆用80%的时间做20%的事

任何一个人的时间都是有限的,把80%的时间花在能出关键效益的20%的工作上,这是高效员工的必备法则。掌握这个法则,你才能摆脱忙碌紧张的状态,使工作高效有序地得到落实,成为高效工作的受益者。

任何一个人的时间都是有限的,要造就高效的工作效率,必须有时间管理的意识。只有善于掌控时间,才能摆脱忙碌紧张的状态,使工作高效有序地得到落实,成为高效工作的受益者。这就要涉及管理学上的"二八法则",即意大利经济学家帕累托所提出的80/20法则,即要把80%的时间花在能出关键效益的20%的工作上,掌握这个法则,工作效率就会大大地提高。

著名的设计师安德鲁·伯利蒂奥曾经是一个疲于奔命的工作狂。他除了每天进行设计和研究工作外,还负责企业制度的制定、考勤等很多方面的事务,几乎企业的每一件工作他都要亲自参与。

"为什么你的时间总是显得不够用呢?"有人问。

安德鲁无奈地说:"因为我要管的事情太多了!"

整天忙得晕头转向,作品的质量却常常不尽如人意,也没有取得令人骄傲的成绩,安德鲁对此很不解,便去请教一位教授。教授给他的答案是:"你大可不必那样忙!关键在于分清工作内容的主次。"

听到这句话的一瞬间,安德鲁醒悟了。原来,一直以来他把很大一部分时间都浪费在管理其他乱七八糟的事情上,而最重要的设计工作反而只能

第 6 个理由
有效率的员工让结果变成成果

占用一小部分时间,由于时间紧凑,作品的质量自然就受到了很大影响。

从此,安德鲁调整了时间分配,他把那些无关紧要的细小工作交给助手去做,自己则把时间集中用在设计工作上。因为时间得到了有效地运用,不久他出版了传世之作《建筑学四书》,此书被建筑界称为"圣经"。

在工作实践中,我们应该如何正确运用"二八法则"呢?

在这里,提供给你一种时间管理 ABC 法。所谓时间管理 ABC 法,即以工作的重要程度为依据,将待办工作按照轻重缓急划分为 A、B、C 三个等级,然后决定工作开展的先后顺序的一种统筹办事的重要方法。

一般来说,A 级工作是与工作目标相关的关键工作,如大客户的约见、重要文件的签定,还有能带来领先优势或成功的机会;B 工作是需要处理但又不要求立刻完成的,诸如各种规章制度的完善、售后服务等工作;C 工作的划分为那些不必要的应酬、关系不大的会议和一般性质的信件、聊天等,对工作目标影响不大。

总体来说,ABC 三级工作在工作总量中所占的时间分配是这样的。

A 级工作是必须在短期内完成,需要立刻行动起来去做;A 级工作完成后,转入做 B 级工作。如果时间紧张,可以适当地推迟 B 级工作期限,也可以考虑授权给别人处理;对于 C 级工作,无论你多么感兴趣,都要尽量少在上面花费时间,或者安排在工作低谷时期进行。比如,有些会议内容与自己的工作没有什么关系,你大可利用此时间看一些与自己主要工作有关的材料,或者考虑与自己主要工作有关的问题。

利用 ABC 时间管理法平衡时间,虽然方法看起来很麻烦,但根据事情的轻重缓急来决定工作顺序,可以避免你被工作牵着鼻子走。因为它能使你充分发挥主观能动性来驾驭工作,是非常重要的提高工作效率的手段。

管理顾问詹森就是一个 ABC 时间管理法的成功实践者,我们来看看他是如何做的。

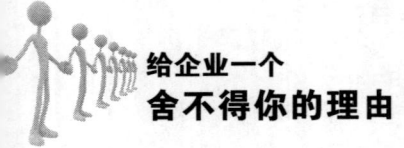

给企业一个舍不得你的理由

詹森并不是工作狂,他逍遥自在,却业绩斐然。

詹森的手上从未同时有3件以上的急事,通常一次只有一件,其他的则暂时摆在一旁。他会把大部分时间拿来思索那些最具价值的工作,比如企业的总体发展规划、年度工作任务、行业发展前景等。

詹森只参加重要客户的会议,走访一些重要的顾客,然后,把所有精力拿来思考如何实现与重要客户的交易,以及企业如何能够获得最大利益,接下来再安排用最少人力达成此目的。

詹森把产品的知识传授给下属,时常观察企业中谁是某项工作最合适的执行者。对象确定后,他会将下属们叫到办公室,解释他对每一个人的要求,让他们放手去做,自己做的只是时常盯一盯工作的进度。

詹森的事例告诉我们,那些拥有极高工作效率的优秀员工永远能够抓住工作中最重要的问题加以解决,而其他的小问题则会先暂时放在一边,或交由他人处理,从而保证自己将全部的精力集中于重要的事情。

记住,只要你能先做最重要的工作,你想不成功都很难。

◆拖延行为让成功变为失败

今天把工作推到明天,明天把工作推到后天,许多成功的机会就在一而再、再而三的拖延中失去了。而那些被企业重用的员工,他们总是能够好好地利用"现在",努力实现今日事,今日毕。

千千万万的员工都渴望得到企业扶持、获得升职加薪的机会,可是为什么大多人无法如愿以偿,甚至工作落在同事的后面,连下个月的薪水都

第6个理由
有效率的员工让结果变成成果

无处去领?原因就在于很大一部分人总是在拖延行动。

在我们的工作中,实在有太多的拖延。比如,现在该打的电话等到一两个小时后才打,今天改写的报告等到明天才写,这个月该完成的报表拖到下一个月,这个季度该达到的进度要等到下一个季度……

莱克斯在某一个游戏企业做网站编辑。他各方面的才能是毋庸置疑的,但是他的工作效率却很慢,有时只需2个小时完成的工作,却要花4个小时才能完成,时常不能按时完成老板布置的工作任务。

一次早晨,老板将新签约的一个游戏开发方案交给莱克斯来完成,并告诉他两天内完成。莱克斯接过任务,心想还有两天时间,便不急不慌地玩游戏,刷新他的"围脖",回复短信,浏览新闻紧跟潮流……等莱克斯开始工作时,已经快中午了。

第二天到了企业,莱克斯想起好久没有玩以前的一项游戏了,先玩会再工作吧。正当莱克斯玩得忘乎所以的时候,老板的电话来了,"莱克斯,工作进行得怎么样啦?今天下午就要交任务了,抓紧时间啊!"

这时,莱克斯心里开始焦灼万分,他急匆匆地完成了策划方案,交了上去。由于策划方案写得仓促,几乎没有什么新意,而且连修改的时间都没有,多次出现了错字、病句等,莱克斯再一次受到了老板的批评。

眼看着和自己同时进企业的新人,又是被老板表扬,又是加薪升职的,莱克斯心里苦恼不已……

拖延是一种无休无止的、明日待明日的工作恶习。它直接导致一个人丧失进取心,很容易消磨人的意志,使人对自己越来越失去信心,感觉工作压力越来越大。

以回复邮件为例,你是否发现自己经常在邮件的开头写下这样的话:"真对不起,这么久才回信。"或者"很抱歉拖了很久才回复。"本来当初接收到邮件时一下子就可以很容易回复,拖延了几天、几星期之后,众多邮件积

给企业一个
舍不得你的理由

累在一起,你的思路混乱,便会感到艰辛而痛苦,回复时间加倍,工作效率自然也就低了。

最为严重的是,当一个人处于拖延状态之中时,往往就会陷于一种恶性循环之中。这种恶性循环就是:拖延——低效能+情绪困扰——拖延。可以断定的是,升迁和奖励是绝不会降临到拖延的人身上,成功也会与之擦肩而过。

因此,要想获得升职加薪的机会,你首先要做的事情就是改变拖延工作的坏习惯。那些取得最佳成绩的员工,他们总是能够好好地利用"现在",积极主动地做好自己当前的工作。

有这样一个年轻人,他的工作效率很慢,始终得不到企业的重视和重用,也看不到一点点事业成功的希望,他整个人都快要崩溃了。于是,他决定去请教著名的小说家瓦尔特·司各特。

一天早晨,年轻人来到瓦尔特·司各特家里,他很有礼貌地问道:"我想请教您,身为一个全球知名的作家,您每天是如何处理好那么多的工作,而且很快就能取得成功呢?您能不能给我一个明确的答案?"

瓦尔特·司各特并没有回答年轻人的问题,而是友好地问道:"年轻人,你完成今天的工作了吗?"年轻人摇摇头:"这是早晨,我一天的工作还没有开始呢。"瓦尔特·司各特笑了笑,说道:"但是,我已经把今天的工作全部完成了。"

年轻人感到莫名其妙。瓦尔特·司各特解释道:"你一定要警惕那种使自己不能按时完成工作的习惯——我指的是拖延磨蹭的习惯。要做的工作即刻去做,等工作完成后再去休息,千万不要在完成工作之前先去玩乐。如果说我是一位成功者的话,那么,我想这就是我成功的原因。"

年轻人茅塞顿开,他回想起自己在工作上拖拖拉拉的行为,拜谢过瓦尔特·司各特后匆匆地离开了。此后,他改变了拖延磨蹭的习惯,要做的工

第6个理由
有效率的员工让结果变成成果

作即刻去做，2年后他成为了一家企业的副总经理。

从现在开始，好好想想拖延这个问题。你是不是其中的一个？你是不是也把事情推延到最后一分钟才做？如果是的话，现在该是面对现实、好好改变的时候了。从今天做起，从现在做起，马上行动起来。

阿莫斯·劳伦斯说："所有事情成功的秘诀就在于养成凡事立即行动的好习惯，这样才可以站在时代潮流的前列。"

安东尼·吉娜曾经是美国纽约百老汇中最年轻、最负盛名的年轻女演员。就读于大学艺术团时，她曾在一次校际演讲比赛中说道："大学毕业后，我要做纽约百老汇一名优秀的主角。"

当天下午，吉娜的心理学老师找到她问了一句："我想知道，你今天所说的想去纽约百老汇成为一名优秀的主角，是真的吗？"吉娜点了点头，心理学老师尖锐地问，"但是，你今天去百老汇跟毕业后去有什么差别？"

吉娜想了想，的确，大学生活并不能帮自己争取到百老汇的工作机会。她说，"我决定一年以后就去百老汇闯荡。"岂料，老师又冷不丁地问她："你现在去跟一年以后去有什么不同吗？"

吉娜苦思冥想了一会儿，对老师说自己下个学期就出发。但是，老师又紧追不舍地问道："你下学期去跟今天去，又有什么不一样？"

吉娜有些晕眩了，她决定下个月就前往百老汇。吉娜以为老师这次应该同意了，但是老师继续不依不饶地追问道："亲爱的吉娜，你觉得，你一个月以后去百老汇，跟今天去有什么不同？"

吉娜思考了一会，狠了狠心，表示给自己一星期的准备时间，下星期就出发。老师步步紧逼："所有的生活用品在百老汇都能买到，你一个星期以后去和今天去有什么差别？"终于，吉娜不说话了。

老师又说："百老汇的制片人正在酝酿一部经典剧目，几百名各国艺术家前往去应征主角。我已经帮你订好明天的机票了。"第二天，吉娜就飞赴

**给企业一个
舍不得你的理由**

到全世界最巅峰的艺术殿堂——美国百老汇,去进行了一场百里挑一的艰苦角逐。她顺利地进入了百老汇,穿上了人生中的第一双红舞鞋。

很多人的计划没有实现,只是因为应该说"我现在就去做,马上开始"的时候,他们却说"将来我会怎么做"或"将来什么时候再完成"。今天可以做完的事不要拖到明天,立即行动,要做到今日事,今日毕。

不管是什么时候,当你感到拖延的恶习正悄悄地向你"贴近",或当此恶习已缠绕着你,使你工作效率低下时,你都需要时刻警醒自己,在一分钟之内立马行动起来。行动一定会有收获,行动一定会带来结果,这样的话,你想要的重视、重用、升职、加薪等机会也必定将一一兑现。

◆一次性把问题都解决

每个人解决问题的方式都不同,但是解决问题的目的都是相同的。一次性地解决问题,能提高效率,免去不必要的二次加工。不仅能给企业带来利润,还能给自己带来高效率员工的美称。

歌德在他的《叙事谣曲》中曾讲过这样一个故事:耶稣带着他的门徒彼得出门远游,途中发现路上有一块破烂的马蹄铁。耶稣让彼得把它捡起来。彼得懒得弯腰,就假装没听见,没有去捡。耶稣没有再说什么,就自己捡起了那个马蹄铁,用它从铁匠那里换来了3文钱,然后又用这3文钱买了18颗樱桃。

两人继续前行,后来经过一片茫茫的沙漠。这可把彼得渴死了,于是耶稣就故意让口袋中的樱桃掉出一颗,彼得见状,赶紧弯腰捡起来吃掉。

第6个理由
有效率的员工让结果变成成果

耶稣边走边丢,彼得就跟在耶稣后面捡,这样他也就狼狈地弯了18次腰。耶稣对彼得说:"如果当初你弯一次腰,就不会有后来一次又一次弯腰了。"

同样,在我们的工作中,如果我们第一次就把工作做好,那么在后来的工作中就可以避免不必要的操劳,从而使我们的工作节省更多的时间和精力,提高工作效率。所以,执行过程中我们要一次性地解决,不要寄望于下一次。

从前有个小村庄,村里非常缺水,一到下雨的时候,人们就利用各种盆盆罐罐接雨水,否则,就要走很远的路去挑水。

为了解决水源问题,村里的人决定修建一个蓄水池,然后雇人送水,省得村子里每一家都要为用水发愁,盖伊和艾伦自告奋勇地承担了这个工作。

盖伊立刻挑起水桶干了起来,他每日奔波于远处的河流和村庄之间,打水运回村子,然后倒在蓄水池中供村民们使用。他起早贪黑地干着,累得半死,不过,好歹村民们的吃水问题能解决了,盖伊也得到了村民们给的报酬,因此,他对自己的这份工作还是非常满意的。

艾伦跟盖伊一样接下这个工作,但是,之后他就神秘地消失了,整整一个星期,人们都没有看见他的人影儿。大家都觉得艾伦是不是偷懒躲起来了,可是这样他也挣不到钱呀。盖伊则暗地里很开心,少了艾伦这个身强力壮的竞争对手,自己算是"垄断"这个工作了,尽管每天挑水很累,但是能挣到钱总是好的。

那么艾伦到底干什么去了呢?原来,他跑到了几十里外的山里砍竹子去了,竹子砍倒以后,他把它们都打通。一周以后,他拉着一大车打通的竹子回到了村里,请了一位做水车的师傅,在湖边架起一座高高的水车,然后用打通的竹子做管道,就这样建起了一个"自来水"输送系统。清水哗哗地沿着管道通进了水池中,这个干旱的村子彻底告别了缺水的日子。

不仅如此,艾伦还把这些竹子管道接到了其他缺水的村庄,现在他一

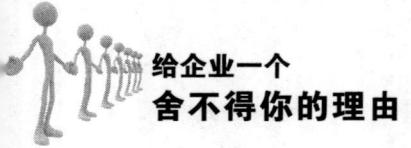

给企业一个
舍不得你的理由

个人同时为三个村庄送水,赚的钱远远比挑水的盖伊多了,而且他的工作可以说是轻松得多,每天只要按时检查一下水车是否在正常工作和管道有没有漏水就行了。由于艾伦一个人就包揽了输水的工作,盖伊也就失业了。

我们应该从这个例子中得到某些启发,盖伊每天都累得筋疲力尽,日复一日地工作,最后却落得个失业的下场,而艾伦另辟思路,一次性地把问题解决了,从此一劳永逸。在工作中,我们也应该时常问自己:"我的工作是在修管道还是在挑水?我是一次性地把问题解决掉,还是日复一日地重复性劳动?"

很显然,就工作效率而言,一次性解决问题是最好的,一劳永逸地解决问题,能够为我们自己和企业节省下大量的时间和精力。做好一件工作之后,可以没有后顾之忧地进行下面的工作,不再纠结于一个问题。寄希望于下一次,就跟希望今天的事情明天去做一样,是拖拉、懒惰、不负责任的表现。

有些员工因为不能合理安排时间,或者没有动脑筋想办法,没有创造性地去工作。结果,越忙越乱,还没有解决旧问题,就产生了新问题,白白浪费了大量的时间和精力,造成了人力资源的损失。

田兴和李为民两人都是刚刚毕业于某名牌大学的学生,他们进入了同一家企业工作。

两个人都是从基层开始做起,两个年轻人都想做出点成绩,因此都铆足了劲儿,不过两个人还是有些不同的。田兴的工作按部就班,从不多动脑子,只是一味地埋头苦干,每天除了工作就是工作,起早贪黑,好像总有忙不完的事,周末还常常自动留下来加班,但遗憾的是工作业绩平平。比如说,领导要一份报表,为了一个次品率,他就要跑三次车间,用半天工夫,最后得出的结果还只能说是"接近"而不是"准确"。

李为民则不同,他的想法和做事的方式从不墨守成规。他总是喜欢"偷

第6个理由
有效率的员工让结果变成成果

懒",能一次干完的事情绝不用两次,别人两小时完成的任务,他就要想办法争取一个小时完成,用他自己的话说,他做事习惯"one take",从来都是一次解决,不喜欢寄希望于下一次。就这样,领导交给他的任务,他每次都能干净利落地完成。

一年后,李为民被委以重任,成为企业里的骨干人员,而田兴只获得象征性的加薪。

人们习惯认为"老黄牛"式的员工就是好员工。确实,同样的工作方式,一定是勤奋肯干的员工做出的成绩更多,但是有些人往往不注重工作方式方法,而一味埋头苦干。事实上,"努力"工作的人并不一定能做出好的成绩,也不一定会受到上司的赏识。工作时间长,不代表业绩突出,付出的劳动多,收获却不一定多。我们的工作最重要的是要保障效率,保障工作业绩。

成功没有下一次机会,很多时候,机遇只有一次,第一次没有把事情做好,就不会再有第二次机会弥补了。如果第一次失败了,下一次也不见得就能做好。工作中,对自己一定要严格要求,做任何事情,都要要求自己一次性地解决,第一次就做对,不要寄希望于下一次,这样才能提高工作效率和获得机遇。

给企业一个
舍不得你的理由

◆做事要一鼓作气势如虎

《左传·庄公十年》中说："夫战，勇气也。一鼓作气，再而衰，三而竭。"做任何事情，趁一开始情绪高涨、干劲旺盛时全力以赴，咬紧牙关干到底，就容易出成绩；如果事情老干不好，原有的勇气和力量就逐渐衰退而尽了。

在工作中，要提高工作效率，加强执行力，就要学会"趁热打铁"，趁着自己的理想还未消逝，趁着自己的热情还未冷却，趁着还未遇到不可战胜的障碍，趁着良好的开端，趁着昂扬的斗志，趁热打铁，工作就能势如破竹，取得理想的战果。

工作就像是登山，我们体力旺盛的时候步伐是轻快的，心情是愉悦的，等到半山腰的时候我们体力下降，自然就动力不足了。这时，我们最好能够一鼓作气地登上山顶，就算休息，也要在风景最美的顶峰休息。如果不能趁热打铁，而是在半路上停下来，就会越休息就越觉得疲劳，越没有动力，那么我们登上山顶就需要付出更多的时间和体力了。趁热打铁的行动往往事半功倍，因为"惯性"也是一种助力。

成功者比起平庸者，并不是出色很多，他们灵感的火花初现的时候，也不见得就比别人的耀眼、光明，但是，他们心中的激情化做了可以燎原的星星之火，燃烧起来了。有很多人，往往是一瞬间的热血沸腾，之后就归于冷寂，又过起了日复一日平淡如水的日子。灵感往往转瞬即逝，所以应该及时

第6个理由
有效率的员工让结果变成成果

抓住,要趁热打铁,立即行动。

很多时候,我们手头的工作正在进行,我们会不理智地中止它,把注意力放在了其他事务上。等到我们再回过头来处理这件工作时,恐怕又得从头开始,或者已经不能保持原有的激情和动力了,这就降低了我们的工作效率。

唐朝的天才诗人李贺,素有鬼才之称,他才华横溢,诗风追求怪奇,主观想象极为丰富,后人因而称为"长吉师心,故而作怪"。

与李贺一起交游的人,以王参元、杨敬之、权璩、崔植这些人最为密切,李贺每天早上出去与他们一同出游,每次出去,总要背一布袋,如果骑驴外出,则总在驴屁股上挂一个"诗布袋"。这个布袋是干什么用的呢?在行走过程中,如果突然灵感来临,偶得诗句,便立即写下,放在布袋里。晚上回家后,李贺就会让家人取出草稿,研好墨,铺好纸,把那些诗稿补成完整的诗,再投入其他袋子,只要不是碰上大醉及吊丧的日子,他全都这样做。也就是说,这是他一贯的工作方式。

在屋子的中央挂一个200斤的大铁球,要使静止状态的铁球动起来,一开始必须用力推,每推一次都很费力,但是每一次的推力都会使铁球速度变快。当速度达到某一临界点后,铁球的惯性和冲力就会成为推动力的一部分。这时,无须再费多大的力气,铁球就会快速不停地转动了。

当一项工作正在有条不紊地进行,我们就要趁热打铁,把工作持续下去,这样就可以借助"惯性"的力量,工作就能水到渠成地获得良好的效果。利用"惯性"的力量,我们在工作中可以省时省力,尽量不要正在做一项工作时停顿下来去开始另一项工作,这份工作没做完又被第三件事情牵扯了精力,如果是那样,很容易使工作前期投入的精力和时间打水漂。

打铁要趁热,这是个时机问题,也是个效率问题,工作中,我们的时间精力有限,激情和动力也有高峰低谷,我们要把工作当做一场战争,只要战

争开始了,就要一鼓作气,争取胜利,而不要还没等到战争结束,就发动另一场战争,两线作战是军事上的大忌,也是工作中的大忌。

◆每一分钟都是有价值的生命

时间就像一把双刃剑,只要我们用好了,它就是我们的忠实伙伴,为我们披荆斩棘,扫清成功路上的障碍。所以,我们要做一个能掌控时间,提高效率的"智者",做一个一分钟效率专家。

时间是最奇妙的东西,它掌控一切,却又踪迹全无,人们只能感受它却不能接近它,它没有弹性,无可替代。它能使枯草变绿焕发蓬勃生机,又可使鲜花凋零,留下无尽遗憾。它可以赋予一个人整个世界,又可以在一瞬间把它全部夺走。她温情脉脉的时候可以让你沐浴幸福,她翻脸无情的时候你的人生只有生离死别。

金钱可以被储蓄,知识可以被累积,但时间却不能被保留。时间的钟摆绝不停息,对于一个人来说时间更是非常有限的。一天是短暂的,它只有24小时,只有1440分钟,只有86400秒。这当中,还要除去睡眠休息和吃饭的时间,因此,我们从事学习或者工作的时间并不是那么的富余,浪费一分钟,就会失去一分钟的生命。

鲁迅先生曾经说过:时间就是生命,无端地空耗别人的时间,无异于谋财害命。对我们来讲,浪费自己的时间那就等于自杀。因此,我们不能浪费每一分钟,我们要在有限的时间里做出更多的成绩。生命的长度我们虽然

第6个理由
有效率的员工让结果变成成果

无法改变,但是提高效率却可以拓展它的宽度。

在美国近代企业界里,与人接洽生意能以最少时间产生最大效率的人,非金融巨子摩根莫属。

摩根是一个真正的效率专家,他每天上午9点30分准时进入办公室上班,下午5点回家,严格按照工作时间表工作和休息。除了与特别重要的客户进行商业会谈外,他与人谈话绝不超过5分钟,因为这一点,很多人说摩根只是一部赚钱的机器,有点儿不近人情。但是,摩根的高效工作无疑产生了很大的效益,有人对摩根的资产进行了计算后认为,他每分钟的收入是20美元。

通常,如果人们走进他们企业的那间大办公室,是很容易见到他的,因为摩根不会一个人待在房间里,而是与许多员工一起在一间很大的办公室里工作。这样摩根就能够随时指挥他手下的员工,他的员工也能够用最快的速度执行他的计划,省去了上传下达的时间和麻烦。

摩根还有一项才能,他能够轻易地判断出一个人的真实意图,不会给人时间来拐弯抹角地长篇大论。那种啰里啰唆的说话方式是不被欢迎的,他会一针见血地指出对方的核心意思,一点都不掩饰,这种卓越的判断力也使摩根节省了许多宝贵的时间。

如果,某些人只是单纯地想找个人来聊天,而本来却没有什么重要事情,却浪费了别人的时间,摩根是非常痛恨的,对这种人,他会毫不留情地将他赶出去。

摩根是个注重工作效率的人,他的高效,把他自己和团队打造成了一个非常有战斗力的集体。

时间既不能停止,也不能保存,它永远都是短缺的。因此,每一个成功者都应该非常珍惜自己的时间,非常在意自己的工作效率,时间永远不能倒流,要想赢得成功的资本,就必须好好把握每一分钟,好好利用每一分

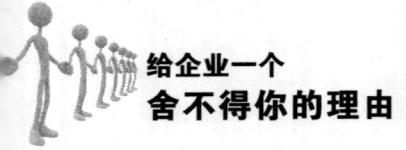

给企业一个
舍不得你的理由

钟,让每一分钟都过得有价值、有意义。

在我们的工作中,我们之所以不能够重视一分钟,就是觉得它实在有些无足轻重,一分钟能产生什么效率呢?我们习惯了每小时做多少事情,习惯了每天做多少事情,却很少想,自己一分钟能够做多少事情。其实,只要在工作中有意识地把一分钟当做我们的时间单位,就能够引起我们的警觉,从而提高效率了。

我国著名的数学家华罗庚说:"时间是由分秒积成的,善于利用零星时间的人,才会做出更大的成绩来。"因此,我们不要小看一分钟,每一分钟都是宝贵的,是不可回溯、不可复制的,浪费时间是生命中最大的错误,优秀员工之所以成绩突出,就是因为他们能有效地利用每一分钟,珍惜每一分钟,他们使得每一分钟都能直接或者间接产生效益。

有个卖吸尘器的销售员自创了"一分钟工作方法",每次他见到客户的时候,他只要求客户给他一分钟的时间,在这一分钟里,他一边介绍自己产品的优点,一边动手为客户演示,一分钟结束,他自动停止自己的话题,然后他彬彬有礼地道别,感谢对方给予他宝贵的一分钟的时间。这些工作,其他销售人员往往需要七八分钟的时间,不仅效率低下,时间一长,客户还容易反感。而他总是充分地利用一分钟的时间,结果,他的业绩是企业里最棒的。

《增广贤文》里有句话:"一寸光阴一寸金,寸金难买寸光阴。"时间这么宝贵,如果我们不知道珍惜,不能够善加利用,那就太可惜了。我们要向一分钟要效率,向一分钟要成绩。

任何人都应当学会有效地利用时间,在有限的时间内高效地完成工作。放弃时间的人,时间也同样会放弃他。一个人如何利用自己的时间,决定了他们的人生是成功还是失败。

明天的幸福就孕育在我们今天点点滴滴的时间中,如果我们能够非常

第 6 个理由
有效率的员工让结果变成成果

合理地利用时间,把时间消耗降到最低限度,成为一分钟效率专家,那么,我们就能够纵横职场,做出卓越成绩。因此,在工作中,我们应该珍惜每一分钟,提高工作效率,这样我们就能早一分钟取得成功。

◆珍惜时间利用率可以提高效率

生活和工作中的"拖延症"不仅会浪费时间,拖拉的人更容易患病,影响人的情绪,让人陷入无法完成任务的焦虑之中,也会破坏团队协作和人际关系,所以,当工作任务来临时,理清思路,订下计划,尽快将任务完成吧!

"明日复明日,明日何其多",这句子是人们用来讽刺那些不珍惜时间、做事拖沓者的经典话语。据调查,20%的人认为自己是长期拖拉的人。

最近,丹丹不知道怎么回事,工作起来总是拖拖拉拉,不到最后一刻不着急,每当事情拖得不能再拖了,这才打起精神,一鼓作气把活干完。

周一,集团董事会召开会议,丹丹负责整理会议记录,并要负责出一份简报摘要,部门领导要求丹丹周五交上来。当天开完会后,丹丹就把会议记录放着一直没动,想着还有两天时间呢,这简报摘要一两个小时就搞定了。这件事一直拖到周四下午下班,她才想起来明天要交,干脆决定回家后熬夜干活。

周四晚上,丹丹把材料带回家中后,想起每晚必看的电视剧正在播出,于是她打算看完再写,可等到看完电视剧,已是晚上 11 时了,等她再坐到

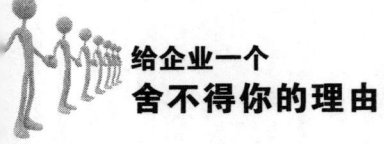

电脑前,看看时间,已经是凌晨了。此时,她才慌了神。于是,她用半个小时整理思路,再集中精神一个小时整理好摘要,2000字的简报很快就做出来了。丹丹对同事说:"我也知道这样不好,明明很简单的事情,只要集中精神立刻可以做完,为什么现在都拖成这样了呢?"

病症的诱因林林总总,大致有如下几类:

1.容易颓废

任务太难了,或者别人都不愿意做,我为什么要做?实在不能忍受持续做这件事情,干脆等明天再做吧。但是明天到了,心里还是不愿意做,又继续往后推。

2.缺乏信心

常常不能很好地完成任务,自己对自己能力的估计会越来越低,即使以后完成好了,也认为是运气。

3.追求完美

所有事情都要达到一个很高的境界,要一次做好,不愿意匆匆忙忙开始,要万事俱备才行动。

每个人或多或少都有"拖延症"的表现,随着社会竞争日益激烈,工作任务会越来越具有挑战性,人们对自身的要求越来越高,该症状还有蔓延的趋势。对于如何应对各种类型的"拖延症",专家如此支招:

类型一:我总是没有自信,怎么努力也改不了。为了从苦海中摆脱出来看过不少有关的书籍但都徒劳无功,因为没有自信,做起事来也不顺利。不知道能不能改变一下这样的我。

解决方法:在苦恼的边缘走不出来的人是因为被自己错误的想法封锁住了,一定要从误区的牢笼里走出来。为了打破错误的想法可扪心自问一下自己:"假如,我是能完成任务的人,应该先想些什么?先做些什么?"做报告的时候,因为忙于某些事迟迟没做出来,这时,应该想"如果我是个做报

第6个理由
有效率的员工让结果变成成果

告的能手,应该先做什么事呢"。考试成绩不好,但还得向父母交代的时候,应该想"假如,我是个成绩不好,但能向父母主动坦白的人,应该先做什么事"。想这些问题的时候,不能用太长的时间,第一个想到的就是正确答案,所以直接实现第一个想法就可以了。

类型二:一旦接到什么任务总会担心:"我一定能做好吗?做错了上司会不会责备我?"在想这些的时候时间已悄悄溜走了。

解决方法:过去一些失败的记忆会变成一种压力。想治好自我指责的弊病,可以把责任都"推脱"到别人身上。不要因为自卑感而把一切问题都自己扛,这样只会让你的自信心下降。轻视自己之前先把责任都"推到"别人身上吧,然后,用自我激励的方法促使自己完成任务。

类型三:我在面对决定时没有自信。当决定了做某件事的时候,往往因为不确定这样做是对的还是错的而烦恼,这样一来,事情就被一拖再拖,不是因为我懒,而是因为每次都不能付诸行动,所以人们都说我办事的效率不高。

解决方法:首先,做选择时把心放空,在不太长的时间里尽量考虑全面,然后选一个。谁都没有权利说对错,只要你坚定地走下去,一定有所获。

类型四:我经常担心事做得不够完美。尽力想做一个完美主义者,可做事的效率不是很高,在接到任务以后,心里想的是尽快完成,可事实总是一拖再拖。

解决方法:总想把事情做得完美一些,但压力越大就越担心做不好事,迟迟不敢付诸行动。总是把万事的结果定为:不是成功就是失败,只要做错了一点,做得再好也都是错的。出了事就算不是自己的责任也会揽到自己身上。首先得醒悟"自找担心"是多么消极的事情。例如,在准备报告时,最初就能写出完美的报告是不可能的,一定会有一些偏差或有理论上说服力较小的地方,所以,完美是不存在的。总结一下到现在为止,你所做过的事

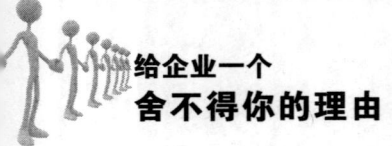

给企业一个舍不得你的理由

有多少是完美的,一定没有特别完美的事,但一定也没耽误什么事。

时间是我们最宝贵的资源,通过分析我们时间的使用情况,才有可能掌握适于工作场所内外,最为有效的时间使用方法。

1. 考虑一天的日程安排,采用相应的工作方法。

2. 把工作日化整为零,每段30分钟。

3. 安排日程时,留点时间用于思考。

4. 预测工作效果,看看是否准确。

5. 要随时做日程记录,单凭记忆不大可靠。

6. 每天要回顾,急事需优先。

7. 不值得去做的事,派下属代劳。

8. 对于很棘手的任务,先从一小部分入手,立即处理。

9. 重温日程安排,评价工作效率。

第7个理由
懂合作的员工是企业团结的灵魂

　　团队精神是企业的灵魂。一个群体不能形成团队,就是一盘散沙;一个团队没有共同的价值观,就不会有统一意志、统一行动,当然就不会有战斗力;一个企业没有灵魂,就不会具有生命的活力。

　　培育企业的凝聚力,除了其他条件外,良好的团队精神就成为一面旗帜,它召唤着所有认同该企业团队精神的人,自愿聚集到这面旗帜下,为实现企业和个人的目标而奋斗。

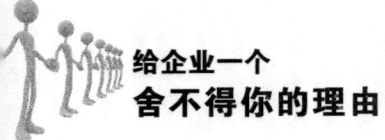

给企业一个
舍不得你的理由

◆团队精神是企业的灵魂

一个人是否具有团队精神,已经成为了员工本身实力体现的重要部分,所以,职场中,当我们不断在为增强自己的技能努力时,更要懂得团队意识的培养,只有如此,企业内部才能拧成一股绳,你才能在企业得到自己想要的。

在如今这个时代,团队精神已经越来越被企业看重。在工作中,那些习惯单打独斗的人已经越来越不受欢迎。一家企业要想发展,并不能只靠一个人的力量,必须要让企业里的所有人互相合作,这就需要团队精神,可以说,团队精神是企业的灵魂。当然,团队精神也是一名普通的员工走向优秀的必要条件。

安格斯的工作能力非常强,很多时候,他一个人就能做两个人的工作。可是这么强的人,在惠普企业只工作了短短的3个月,就被主管给解雇了。安格斯一直都被以前的那些老板当成宝贝一样,所以,他觉得特别没面子,于是一脚踢开主管的门,对着主管安迪咆哮:"你凭什么解聘我?是我的能力有问题吗?我比其他的同事出色多了!"

安迪正想解释,可安格斯又口沫横飞地喝问:"是我没有创新意识吗?我们部门几项重要的创新措施,都是我最先提议的。你眼睛瞎了吗?"怒气冲冲的安格斯两眼喷火,手指着安迪的鼻子恶声恶气地道:"听着,你这个混蛋,你这样做,对我很不公平。"

第7个理由
懂合作的员工是企业团结的灵魂

对于安格斯的行为,安迪非常生气,他冷静地回答:"请原谅我的坦白,你的能力很强,但遗憾的是你太过于傲慢无礼了,我们企业一直以形象良好、口碑极佳著称。而你,不但在企业内粗鲁、散漫,而且还蛮横无理地对待客户,这是我们坚决不允许的!还有,你跟同事们很难和谐相处,我们的企业虽然很看重员工的工作能力,但同样重视员工的人际关系。"

"可……我没有影响到工作,而且我每次都把工作完成得很好。"安格斯争辩道。

"如果你是在家里,我不会否认你这一点,可你现在是在惠普工作。"安迪耸耸肩,"实在很抱歉,因为你缺乏起码的做人道德,已经对别人的工作造成了严重的影响,而且你也破坏了我们企业的形象,所以我们只能请你另谋高就!"

安格斯被辞退了,这跟他工作能力没有任何关系,关键是他不懂得合作,还对同事蛮横无理。这样的员工,哪怕是天才,企业也不愿意要的。

美国GE(通用电气企业)连续3年被美国《财富》杂志评为"最为大众推崇的企业"。这个"最受推崇的企业"需要的员工应是什么样的呢?GE(中国)有限企业人力资源总监刘蓉在接受记者采访时说:我们需要那些在某一些方面有天赋的员工,但我们更需要的是员工们的团队精神。

的确,一个企业里的员工如果没有团队精神,虽然短时间里它不会倒闭,但从长远来看,这样的企业一定不是个成功的企业,而在这样的企业工作的员工,也就算不上真正优秀的员工。

美国一家大企业要面向社会招聘3名高层管理人员,来参加面试的人有上千名,最后却只有9位优秀的应聘者进入了最后的复试。

复试中,老总亲自把关,他看了9个人的基本资料后,就把9人分成了甲、乙、丙3组,指定甲组的3个人调查本市的妇女用品市场,乙组的3个人调查本市婴儿用品市场,丙组的3个人调查本市老年人用品市场。

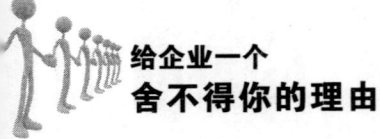

给企业一个
舍不得你的理由

老总解释说:"我们招聘的人是用来开发市场的,所以,你们必须对市场要有敏锐的观察力。现在让大家调查这些行业,就是想看看你们对这个新行业的适应能力。每一个小组的成员都必须全力以赴,现在我为你们每个人都准备了一份相关的行业资料,你们走的时候到我秘书那里去取。"

两天后,这9个人都把自己的市场分析报告给了老总。

老总看完后,站起身来走向乙组的3个人,分别与之一一握手,并祝贺道:恭喜3位,你们已经被本企业录取了。

大家都很疑惑,老总笑着说:"只要你们把我给你们的资料互相看看,就明白了。"原来,每个人得到的资料都不一样。甲组的3个人得到的分别是本市妇女用品市场过去、现在、将来的分析,其他两组的也类似。

老总继续说:"乙组的3个人很聪明,互相借用了对方的资料,补全了自己的分析报告,既提高了工作效率,又体现了团队精神。而甲、丙两组的6个人却各干各的,没有团队意识,我出这样一个题目,主要就是考察一下你们是不是具有团队精神,因为一个既有能力又有团队精神的员工才是企业需要的员工。"

没有团队精神的企业不可能成功,没有团队意识的员工也不可能受到企业的欢迎。因为企业比个人更明白个人能力的有限和团队力量的强大。

随着企业规模的日益庞大,企业内部的分工也越来越细,这就更加说明了一个人的力量,不可能对企业的大局产生影响,只要企业里的每一个人都拥有团队精神,这样的力量就是惊人的。

因此,不管是作为企业的管理者,还是作为企业里的一名普通的工作人员,我们都必须不断地增强自己的团队意识,这样才能让自己在职场中永远立于不败之地。

第7个理由
　　懂合作的员工是企业团结的灵魂

◆在合作中实现你的目标

个人的力量是有限的,只有团队力量才是巨大的。一个有着高效执行力的团队整体战斗力是十分强大的。一个优秀的员工,不会只依靠自己的力量,一个人傻干蛮干,而是会聪明地融入团队,让更多的人帮助自己成功,这是一种高超的职场智慧,也是提升个人执行力的必然要求。

我们知道,大雁每年都要进行长途跋涉,北雁南飞一般都采用V字型或者一字型,这种飞行方式可以使雁群节省能量,更快更轻松地飞行。研究表明,大雁组队飞行的速度要比单独飞行高出22%。不仅如此,雁群还是一个非常完美的团队:它们内部有明确的分工,领头雁负责带队,因为它的体力消耗太大,所以会经常跟其他大雁交换位置;放哨雁在大家休息或者觅食的时候,不食不眠负责警戒安全工作;青壮的大雁则会照顾老幼。

一个和谐的团队,应该如雁群一样,有着一个共同的奋斗目标,并且分工明确、责任明确。每个人都有条不紊地进行自己的工作,每个人都要帮助他人,也可以得到他人的帮助,这样可以扬长避短,使团队力量整体得到优化,从而获得更大的战斗力,这样才能更好更快地实现团队的目标。

苹果企业创始人史蒂夫·乔布斯22岁就开始创业,从白手起家,赤手空拳打天下,到拥有2亿多美元的财富,他仅仅用了4年时间。不能不说,乔布斯是一个有创业天赋的人。他年少有为,从没有失败过,也因此养成了唯我独尊的习惯。

给企业一个
舍不得你的理由

1983年，面对IBM咄咄逼人的攻势，苹果企业的市场份额迅速缩水，乔布斯认为，企业缺乏一个真正有实力的深谙管理和营销的领导者。他力排众议，相中了时任百事企业首席执行官且根本不懂计算机的斯高利，当时乔布斯对斯高利说的一句话，改变了后者的命运："你想一辈子卖糖水，还是想改变世界？"

但是斯高利来了，乔布斯却被赶走了。为什么呢？

原来乔布斯总是独来独往，瞧不起手下的员工，像一个国王一样高高在上，根本没意识到团队的重要性。他常常会做出一些违背商业规律的决策，并利用其神化了的地位大力推行，导致一次次市场的失利，却不允许有任何反对的声音存在。

他手下的员工都像躲避瘟疫一样躲避他，很多员工甚至不敢和他同乘一部电梯，因为他们害怕还没有出电梯之前就被史蒂夫炒鱿鱼了。就连他亲自聘请来的斯高利都公然宣称："苹果企业如果有史蒂夫在，我就无法执行任务。"

在1985年8月的董事会上，斯高利公开了对乔布斯的不满，且有理有据。董事会必须在他们之间作出取舍，他们倾向于斯高利，尤其是那位幕后铁腕人物马库拉。最后他们选择了善于团结员工的斯高利，而乔布斯则被解除了全部的领导权，只保留董事长一职。后来，乔布斯甚至直接辞职，彻底跟苹果说拜拜了。

乔布斯因为不能融入团队而吃尽了苦头，不过后来他终于明白了这些，改正了自己的缺点，在他一手创建的苹果企业危难之际，又临危受命，回到了团队中，为企业力挽狂澜。

个人目标和团队目标并不冲突，一个人只有从团队的角度出发考虑问题，才能获得团队与个人的双赢。在工作中，如果我们能够把个人目标和团队目标融合在一起，把个人融入团队，那么，这个团队就是战无不胜的；如

第7个理由
懂合作的员工是企业团结的灵魂

果选择了特立独行,就成了这个团队的不稳定因素,这样的人如同定时炸弹随时会给团队带来不可预料的损失,一个优秀的团队是不允许有这种人存在的。

美国曾经有一位明星棒球队员叫罗德基思,他是职棒大联盟西雅图水手队的球员,由于表现抢眼,一度成为许多球队哄抢的对象。

正因为如此,罗德基思也开出了许多匪夷所思的条件,比如,他要求两千多万美元的年薪;在训练场他要拥有自己专属的棚子;要有供他自由使用的私人飞机等等。

最后,原本对罗德基思势在必得的纽约大都会队决定放弃。其实,以纽约大都会队的财力来说,是完全能够满足罗德基思的条件的,但是他们仍然放弃了。他们认为,年薪问题倒是其次,但是其他特殊待遇却绝对不能被允许,如果答应了罗德基思的条件,也就等同于默许罗德基思独立于球队之外,这对整个球队是非常不利的。

胜利需要的是一支25个球员密切配合、团结一致的团队,而不是24个球员加1个特殊球员的偶像派组合。

如果我们在工作中不懂得融入团队,不仅会影响团队的工作,也不利于自己的成长。一个人就像一滴水,很容易被干旱征服,一滴水只有把自己融入大海这个团队之中,才能够拥有长久的生命力,才能够抵御风险、战胜困难。因此,在工作中,只有把自己的理想融入团队的奋斗目标,才能更快更好地实现人生价值。

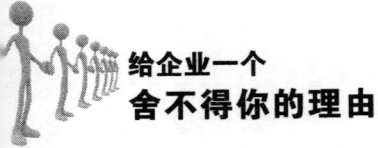
给企业一个
舍不得你的理由

◆团结是 1+1＞2 的执行力

团队是一个融合的群体，每个人都在团队里担任着重要的角色。如果把团队比喻成一个完整的机器,那么每个人都是机器上的零部件,少了一个零件,也许当时并没有什么损害,但时间会告诉你,每个人都是这台机器必不可少的一部分。

曾经有一个问题,说《西游记》里唐僧师徒四人组成的取经团队,有谁可以裁掉?有人说要裁掉唐僧,因为他是团队里唯一不会飞的,不仅走得慢,而且老给团队制造麻烦,不是今天被妖精抓走炖汤,就是明天被美女招亲;也有人说要裁掉孙悟空,这个猴子个性太强,野性难改,与企业文化格格不入;还有人要裁猪八戒,因为他好吃懒做,一心想回高老庄;也有说要裁沙僧的,说他貌似是个吃闲饭的,关键时候指望不上;最后还有人盯上了唐僧的宝马——小白龙,说配车严重超标,最多给唐僧开个奥拓好了。

很明显,这个团队谁都不能裁,如果能裁,吴承恩就不会费劲把他们都写上了。为什么呢?因为在这个取经的团队里,唐僧是一个领导者,他给大家制定战略目标,没有他就根本不存在取经的任务,而且最后是要他交接经书的,所以他是不能裁的;孙悟空是个业务骨干,降妖除魔全靠他,能力出众,没有他,众人恐怕早变成妖怪锅里的菜肴了,所以,他也不能裁。那么,整天嚷着要散伙的猪八戒要不要裁呢?他饭量那么大,伙食费严重超标,当然也不能裁掉,猪八戒是团队中的润滑剂,可以调和某些矛盾,尽管

第7个理由
懂合作的员工是企业团结的灵魂

他喜欢抱怨,但他对任务还是毫不含糊的,该拼命的时候一样操起大铁耙就上。沙僧就更不能裁了。每个团队都需要踏踏实实干活的人,这种任劳任怨挑担子的员工,任何团队都会嫌少不会嫌多。那么,我们看看多余的编制,白龙马能不能裁?也不能!没了宝马,唐僧谁来驮?换头毛驴,也有损大唐圣僧的威名。因此,这个团队,虽然每个人都有缺点,但是却一个都不能少,缺了谁都难以顺利完成取经任务。

这就是团队的力量。每一个个体都有不少的缺陷,但是团结在一起就是一个强有力的团队,就是一个战则能胜的团队,就是一个一步一个胜利的团队。在他们身上,我们看到的绝对是 1+1>2 的完美执行力。

迪士尼企业是一家名副其实的娱乐王国,它牵扯的产业行业众多,包括电影、电视、玩具、消费品、书籍等等。

迪士尼动画与其他企业不同,它是创意工业的基地。这里融合了从导演到摄影、绘画、剪辑等工作不同却又相互联系的团队成员,所以加强团结和沟通、顺利实现工作目标显得非常重要。

迪士尼企业出品的动画片,是这样诞生的:首先,一个良好的创意被领导层讨论通过后,董事会的副主席和经理就会召集动画片制作的总裁开会,在这个会议上把企业各个部门的意见汇总讨论,从而确定最佳方案。

方案确定之后,开始召集另一些人员,这些人员包括导演、艺术指导、幕后指挥等等许多一线工作人员,这个会议则是具体讨论动画片的制作和构想,直到拿出一个一致意见。

在这个过程中,领导不会端起架子,摆出高高在上的姿态,而员工也不会为了迎合领导而放弃自己的真实想法,每个人都畅所欲言,真正做到集思广益,因为他们明白,自己是团队的一员,需要团结一心地向着一个共同目标努力。

在迪士尼企业,没有哪个人或者哪个部门可以对一部动画影片宣称拥

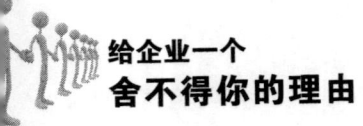
给企业一个
舍不得你的理由

有所有权,因为依靠独立的部门是完不成的,大家来自不同的部门,在合作中形成相互支持和帮助的协同工作方式。

另外,制片人还会根据不同工作人员的性格特点来组建一个团队,因为性格互补也有利于团队的合作。

迪士尼企业出产的动画片和很多产品都是团队成员团结合作的结果,他们给全世界人民带来了欢乐。

在现代社会,企业要想在市场中占据一定的优势地位,拥有良好的竞争力,打造一个优秀的团队是必不可少的,甚至可以说,优秀的团队能够成就一个企业的辉煌,而一个一盘散沙的团队必将断送企业的前程。每一个员工在工作中都应该跟其他同事优势互补、取长补短、团结协作,从而形成合力,使整个团队以强大的动力向着企业的战略目标前进,实现个人和企业共同发展的良性循环。

"圆舞曲之王"约翰·施特劳斯,曾经应美国当地有关团体之邀,在波士顿指挥一个拥有两万人参加演出的音乐会。

一个指挥家一次指挥几百人的乐队,就是一件很不容易的事了,何况是两万人!很多人觉得他不可能做到。

到了演出那天,音乐厅里坐满了期待的观众,人们既想欣赏优美的表演,又想看看施特劳斯到底是怎么指挥如此庞大的乐团的。

演出开始,人们发现了这个秘密,原来施特劳斯下面有100名助理指挥,他们紧跟着施特劳斯的指挥棒,这个团队的配合就像一个人,结果表演非常成功。

古语云:"人心齐,泰山移。"在职场上,团结发展的时代已然到来,只有团结,才能使我们走得更远,飞得更高。

第 7 个理由
懂合作的员工是企业团结的灵魂

◆懂得分享是共赢的好办法

懂得分享是一种聪明的生存之道,也是一种处世哲学,叔本华说:"单个的人是软弱无力的,只有同别人在一起,他才能完成许多事业。"如何才能让别人同你一起前进,或者在自己需要帮助的时候别人能施以援手呢?那就要学会分享。

上帝带着一个人去看看地狱是什么样子的。他到那里一看,地狱里的人围着一个大圆桌,桌上摆着丰盛的食物,但围在桌子旁边的人却一个个愁眉苦脸,一副面黄肌瘦、饥饿难耐的样子。原来每个人手里的勺柄都很长,尽管勺里装满美味的食物,却无法送到自己嘴里。

"太可怕了,"这个人说,"我们还是去天堂看看吧。"

没想到,到了天堂,那里的人也是同样地围在摆满食物的圆桌前,手里同样拿着勺柄很长的勺子,但他们却个个欢声笑语,脸上洋溢着幸福的笑容。原来,他们都用自己手上的勺子喂对面的人,因此,每个人都吃得饱饱的。

由此可见,懂得分享才能实现共赢。

现代社会,做任何事都需要跟别人打交道,从这个角度来说,社会是个关系社会,处理不好关系问题,很多事情将寸步难行。如果总是喜欢以自我为中心,凡事都首先为自己考虑,不懂得分享,就很难得到别人的认可,很难获得同事们的友谊。这样的人,做起事来就步履维艰。如果懂得分享,必然会大受欢迎,做起事情来也就必然顺利很多。

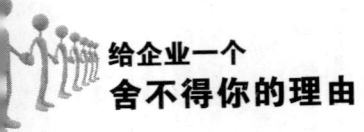

给企业一个
舍不得你的理由

霍世昌是香港圣安娜饼店的创始人之一,为什么是之一呢?就是因为他把这个前途无量的创业计划分享给另外两个人了。

霍世昌创业时只是一个22岁的毛头小伙子,那个时候正在电灯企业做一些有关技术维修方面的工作,他的工作其实跟西饼没有任何关系。但是,这个时候他谈了一个女朋友,这位女朋友上得厅堂进得厨房,喜欢弄些点心、蛋糕之类的食品,霍世昌非常喜欢吃。

一般人吃了也就吃了,但是霍世昌吃完以后还有了一点想法。他想,自己的女朋友只是跟着师傅学习了几天,就做出了这么好吃的东西,那她师傅做出来的不是会更受欢迎吗?因此便萌生开饼店的念头。

于是,霍世昌就找到了这位师傅,跟他说了自己想开饼店的想法。虽然当时西饼业在香港并未呈现出蓬勃势头,但是两个人英雄所见略同,都觉得这是一个"阳光产业"。于是,他们决定开店。但是,当时霍世昌和那位师傅都没有钱,那位师傅有技术,霍世昌有想法,看来还得找一位有钱的,才能把店开起来。

于是,霍世昌做了一份包括预算、地点、资金、经营方针等详细内容的可行性计划书,然后找一位朋友商量,跟他分享了这个很值得憧憬的创意。他的朋友看过后,很高兴霍世昌给他送来了一个赚钱的好点子,于是,他很爽快地接受了计划书,他们三个便成为合伙人。

后来,他们每年增设一家分店,香港回归之后,霍记饼店的生意更是越来越红火了。

如今,当人们问道他是如何发家的时候,他总是笑着回答:"我是靠借钱开饼店,靠朋友发财的。"

他山之石,可以攻玉。借助朋友的力量,也是一条获取成功的捷径。如果霍世昌是一个不懂得分享的人,那么他空有这个前景美妙的创意,但是一没技术,二没资金,无法把想法转化为行动,再美好的创意也就只能是望

第7个理由
懂合作的员工是企业团结的灵魂

海兴叹。但是霍世昌懂得分享,把这个创意分享给懂技术的师傅,分享给有资金的朋友,就这样,实现了自己的理想,三个人都得到了好处,实现了共赢,皆大欢喜。

懂得分享才能赢得良好的人际关系,分享有很多方面,可以是看得见的物质利益,可以是精神方面的荣誉,还可以是思维上的一个创意,甚至是一段个人的经历,这些分享也许对我们来说不算什么,但是对对方可能非常重要,一次不经意的分享,可以为你迎来一份友谊或者一次援手。不论是在生活中还是在工作中,有时候别人一次小小的帮助就可以转动我们命运的车轮,使我们的难题迎刃而解。

红杉的高度一般为90米,相当于30层楼。木秀于林,风必摧之。一般来说,越是高大的植物,要想站得更稳,它的根系就必须扎得更深,但是红杉并非如此,它的根很浅,在人们的想象中,只要一阵大风,它就会倒下。

但是,拥有如此高大的树身和极不相称深度的根系的红杉树却无惧风雨,巍然屹立。它们到底是如何做到的呢?

原来,红杉树不是单独生长的,它们只要长,就是一大片,一棵接着一棵,一行连着一行,它们紧紧依靠着,他们的根系彼此盘绕在一起。因此,即使是很猛烈的狂风,也无法撼动成千上万棵根部紧密相连的红杉树。

每一棵树的树根力量并不大,但是他们都分享给了其他树,同时也分享了其他树的根系。如此一来,每一次狂风到来,它们都是以一个整体在对抗,这是一股无法战胜的力量,红杉树是自然界孕育的奇迹。

如果我们也能够学会分享,像红杉树一样把自己的力量分给别人,同时也借助于别人的力量,让自己的根更坚固;如果我们可以像红杉树一样,就能够抵御各种风险,解决各种困难,还能依靠团队的力量,长成参天大树。

分享是团队团结和信任的纽带,只有与他人共享信息和资源,分享荣誉和机会,才能与他人在团结互助的氛围下实现共赢。多个篱笆多个桩,多

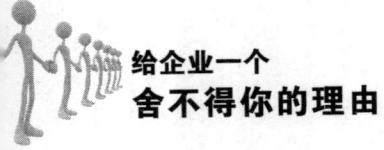

给企业一个
舍不得你的理由

个朋友多个帮,现代社会,单个人打拼力量太小,只有懂得分享的人才更容易得到周围同事和朋友的帮助,才能借助众人的力量走向成功。

◆融入团队才能创造价值

能力再强的人,只会单打独斗、单枪匹马最终只能是一无所得。成功都需要别人的协助与配合。及时融入到团队中,这是做好工作的前提,也是企业对每一个员工的最基本要求。

从前,有两个饥饿的人得到了恩赐:他们一个人得到了一篓鱼,另一个人则得到了一根渔竿。他们需要用得到的东西来养活自己,否则就只能饿死。于是,带着恩赐,他们分开了。

得到鱼的人还没走几步就又觉得饿了,于是他便用干树枝点起篝火开始烤鱼。也许是饿得太久了,他狼吞虎咽,一口气就吃掉了三条鱼。又过了两个星期,他再也没有得到新的食物,最终饿死在空鱼篓的旁边。

选择了鱼竿的另一个人深知要是不想饿死,就一定要赶紧捕鱼,他一步步地向海边走去,准备钓鱼解饥。可是他本来就很饿,走得非常缓慢,没等见到大海,他就带着无尽的遗憾撒手人寰了。

这则寓言启示我们这样一个道理,能力再强的人,单枪匹马地单打独斗,最终只能是一无所得。如果他们先共享手中的鱼,并一同用鱼竿钓鱼,就不会落得如此下场了。没有人可以完全脱离别人而单独完成一项工作,任何一个成功者都需要别人的协助与配合工作。

第7个理由
懂合作的员工是企业团结的灵魂

相传，佛教创始人释迦牟尼曾问他的弟子："一滴水怎样才能不干涸？"弟子们面面相觑，无法回答。释迦牟尼说："把它放到大海里去。"个人再完美，也就是一滴水；一个优秀的团队就是大海。唯有依靠团队的力量，依靠他人的智慧，才能成就自己，才能使自己立于不败之地。

在工作中更是如此，没有一个员工能够离开团队独自完成一项工作，即便是能力再强的员工，也离不开他人的帮助。尤其是在当今社会中，随着科技的发展，职场分工越来越细，作为相对具体、更加清晰的运营计划，更是要分解到各个部门。一个人无论是处于什么样的位置，无论拥有多大的能力，都必须依靠团队的协作。

员工是否具有团队精神，直接关系到企业业绩。一些大企业招聘人才时，十分注重个人的团队精神。他们认为一个人能否与人和谐相处并相互协作，要比他个人的能力重要得多，甚至一些企业将团队精神当成了考察员工的最重要的价值观与理念。

为了发展业务，一家企业要招聘两个职员。参加应聘的人有很多很多，经过筛选之后只剩下了甲乙两个人。这两个人的能力不相上下，但企业只能留一位，人事部经理亲自进行面试。

"我给你们出一道选择题，"经理说，"假如你们两个人一起去沙漠探险，在返回的半途中，车子抛锚了。这时，你们只能选择四样东西随身带着。你会选什么？这些东西是镜子、刀、帐篷、水、火柴、绳子、指南针。其中帐篷只能住一个人，水也只有一瓶矿泉水，你们可以想想再做回答。"

一会儿，甲站了出来说："我选好了，我选帐篷、水、火柴和刀子。"

经理问道："为什么你要选个刀子呢？说说你有什么样的理由。"

甲说："害人之心不可有，防人之心不可无。这帐篷只够一个人睡，水只有一瓶，万一有人为了争夺生存机会想害我呢？我有了刀子在手上，他是不敢轻举妄动的。"

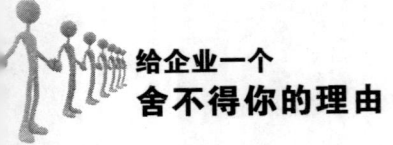

给企业一个舍不得你的理由

经理笑了笑,没有说话。

一会儿,乙给出了他的答案:"水、火柴、帐篷和绳子。"

经理问道:"为什么你要选这些东西呢?说说你有什么样的理由。"

乙说:"水是必需品,虽然只够一个人喝,但可以省着点,相信也能够保证两个人一起坚持到最后;火柴也是路上必不可少的;帐篷虽然只能容纳一个人睡,但是可以轮换着来休息。"

经理点点头说,问道:"你为什么要选绳子呢?"

乙说:"绳子可以用来把两个人绑在一起,这样在风沙很大、目不见物的时候,就不会失散了队伍。这样就能减少危险的程度。"

经理点了点头,把甲淘汰出局了,把乙留了下来。

通过这个事例,我们可以了解到,如果一个员工没有积极的团队合作精神,不仅不利于自己实现自身价值,甚至还会破坏企业内部的团结。因此,他便是不受企业欢迎的人,自然就无法拥有更多的职场发展。

微软中国研发中心总经理张湘辉博士曾这样说过:"如果一个人是天才,但其团队精神比较差,这样的人我们不会要。中国IT业有很多年轻聪明的天才,但团队精神不够,所以每个简单的程序都能编得很好,但编大型程序就不行了。"

我们知道,足球运动靠的是全队的配合,大牌球星虽然能帮助球队扭转时局,但是球场上的常胜将军仍然是配合最好的球队。职场就像球场上的对决一般,单凭几个"英雄"无法赢取整场战争的胜利,只有团结才有可能立于不败之地。

高级技术人才梁炜和苏旭同在一家著名机械企业上班,同为主管候选人。为了确定谁做主管,企业给他们布置了一个艰巨的研发任务——降低压力机的能耗。如何降低压力机的能耗?这是近几年业界都在研究的难题,要在短短两个月的时间里做到几乎是不可能的事情。但是为了尽力争取到主管的位置,两人都毫不犹豫地接下了任务。

为了争取尽快做好工作,梁炜整天把自己关在办公室里,大量地阅读技术文件,制作图纸,根据自己多年工作经验的积累,来寻找各类可能降低能耗的方法。而苏旭每天除了上午看资料,画图表以外,经常到车间现场去和工人们了解企业的能耗、设备的具体情况等。当同事遇到技术上的问题时,他也会热情地利用自己的经验来帮其解决或共同探讨。

两个月后,梁炜和苏旭都提出了自己的设计方案。

从技术上讲,两人的方案都有缺陷,但苏旭却提出了后续实施的具体方案,并且还提到车间工人们和自己设计互补的情况。鉴于此,领导一致认为虽然梁炜的研发精神值得提倡,但善于合作的苏旭做主管更为合适。

梁炜尽管很能干,但是难免有一些"英雄主义"的倾向。技术研发是一项需要方方面面知识、设计多个工作环节的工作,单凭他自己,再怎么努力也不可能考虑周全、顾及全面,这就是企业不愿意提拔他的主要原因。

一盘散沙,尽管他们粒粒金黄发亮,仍然没有太大的作用。如果建筑工人把它掺在水泥中,就能成为建造高楼大厦的水泥板和水泥墩柱;如果化工厂的工人把它烧结冷却,它就变成晶莹透明的玻璃。

因此,作为团队中的一员,在工作中,我们要时刻想到,我们是一个整体,是一个团队,学会及时地从"能干的人"到"团队伙伴"。这是做好工作的前提,也是企业对每一个员工的最基本要求。

给企业一个
舍不得你的理由

◆没有完美的个人,只有完美的团队

在一个团队中,每一个成员都有自己独特的一面,都是优缺点并存的。你要想在团队中有所作为,就应该努力寻找团队成员正面的品质,并且欣赏它、学习它,这是团队精神的基石。

有些人感慨自己怀才不遇,不愿意与别人合作,不能主动地融入团队甚至频频跳槽。不是他们不知道团队的重要性,而是他们自我感觉良好,总是认为团队中的成员有这样或那样的缺点,很难调和。

事实上,在一个团队中,每个成员的优缺点都不尽相同,我们不能因为别人的缺点而拒绝团队。没有完美的个人,只有完美的团队。一个人如果感到自己很难融入到团队里,可能是他自身存在一些问题。

下面这个寓言故事能给我们一些启示。

一只乌鸦在觅食时看见一只猫头鹰飞了过来。

大白天见到猫头鹰真是一件怪事,于是乌鸦便问道:"猫头鹰老弟,你怎么这么匆忙,要去哪里呀?"

猫头鹰说:"我呀,正在搬家呢!我要搬到西边的树林里去。"

乌鸦感到不理解,便问:"好好的搬什么家呀?"

猫头鹰回答说:"你哪里知道我的苦衷啊。我喜欢在夜里唱歌,东边的动物都讨厌我。它们嫌我不睡觉,还说我的歌声难听,吵得它们不能安心睡觉。我不跟它们一般见识,所以就主动往西边的树林里搬。"

第7个理由
懂合作的员工是企业团结的灵魂

乌鸦一听明白了,于是对猫头鹰说:"你就是搬到西边的树林里,不久还会再一次被赶出来。说起来咱俩的遭遇还真有点相似。我以前也爱唱歌,虽说不像你那样在夜里,但也同样得罪了不少动物。后来我想明白了,这不怪它们,错全在我自己。"

见猫头鹰不明白,乌鸦解释道:"就拿你来说吧,你想展示歌喉,那就尽量唱一些轻柔好听的歌。如果实在唱不了轻柔好听的歌,就白天唱吧,晚上就和其他动物一样睡觉。这样你就会受到欢迎,根本用不着到处搬家。"

在一个团队中,每个成员的优缺点都不尽相同。你要想很好地融入到团队中,得到团队的认可和欢迎,就要学会时常反省一下自己,从自己身上找原因。比如,你对人是不是太冷漠,或者是言辞犀利等,这些缺点在单兵作战时可能被人忍受,但在团队合作中会成为你进一步成长的障碍。如果你意识到了自己的缺点,就要注意改正。

团队的形成基础是设置不同的岗位、选拔不同的人才。每个组织成员都很优秀,都有自己独特的一面,你应该努力寻找团队成员正面的品质,并且欣赏它、学习它,这是团队精神的基石。

我们再来看一个故事。

米克尔是某著名大学计算机专业的高才生,进入一家计算机技术开发企业,半年后,他就被选拔加入了一个重要的研发小组。组长告诉米克尔,他非常欣赏米克尔的计算机应用能力。米克尔不禁沾沾自喜,甚至骄傲起来。

进入小组后,米克尔认识了其中一位成员约桑。约桑貌不惊人,而且毕业于一所很普通的大学,计算机应用能力不如米克尔强,因此,米克尔很是瞧不起约桑,工作中故意不跟他配合。

由于米克尔的不配合,小组工作开展得很缓慢。当组长得知原因后,只严厉地问了一句:"只有优秀的人,才能进入我们这个团队,包括约桑。米克尔,你以为你比约桑优秀吗?你错了!"

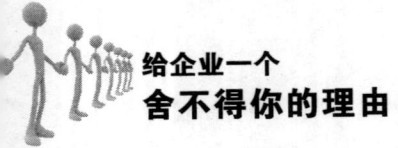

给企业一个
舍不得你的理由

挨了批评后,米克尔才放下架子,工作中主动与约桑配合。很快,他发现约桑虽然计算机应用能力不如自己强,但是具有丰富的研发经验和卓越的研发能力,不由得钦佩起对方来。

而约桑是一个很有团结意识的人,他将自己从实践中摸索出来的经验毫无保留地传授给米克尔,两个人的能力都有了长进。在大家的彼此协作和共同努力下,项目提前圆满完成了,米克尔和约桑得到了企业的表扬。

就算你的同事真的没有你优秀,你抱怨他也是无济于事的。相反,互相抱怨反而加剧了同事之间的隔阂、团队之间的对立,不但工作压力更大,而且工作中遇到或明或暗的阻力更大,对个人成长和团队协作造成更不利的影响。

团队讲的是合作,没有完美的个人,只有完美的团队。唯有学会欣赏其他团队成员的优点,充分利用别人的优点,才能创造和谐的工作环境,你才能充分发挥自己的能力,从而立于不败之地。

没有完美的个人,只有完美的团队,明白了这些后,你还在等什么呢!

◆让企业内部沟通流畅起来

上下级缺乏沟通,部门之间缺乏交流,这样的团队是毫无效率的,这样的团队里的员工,也无法真正地发挥出自己的能力。当企业内部的信息流通起来,团队就会呈现出一幅活跃的状态,所以,一个英明的管理者一定要想方设法打通企业内部的各个环节,做到信息能自由流通。

信息流通对于一个现代化的企业来说,十分重要。信息的最大化流通能带动企业的飞速发展。信息流通不顺畅的企业犹如一潭死水,领导听不到员

第 7 个理由
懂合作的员工是企业团结的灵魂

工的心声，员工只能感受到冷冰冰的命令，这样的企业难以创新和发展。

领导不能高高在上，和谐的管理就是领导和员工之间能够上传下达、沟通顺畅的管理。领导不能只懂得发号施令，而是要将自己掌握的信息及时传达给员工，让员工最大限度地了解企业的发展目标和运行状况，这样他们就能清楚地知道自己工作的意义。只有沟通顺畅了，员工在工作中遇到什么问题，或对企业的发展有什么好的建议时，才会向上级寻求帮助或反映情况，便于领导更好地指挥和决策。

思科企业为了实现企业内部信息快速流通的目的，把互联网技术应用在了交流之中，并取得了很好的效果。

在思科以互联网为中心的交流氛围中，所有的员工在进入企业的第一天起就感受到了沟通与交流的重要性。这种快捷通畅的交流方式，使员工的工作效率大幅提高，过去需要一周时间完成的开支报告，现在通过互联网交流，只需要两天就可以完成。

思科企业现在有超过80%的非技术交流都通过网络进行，包括培训和整合。员工效率的提高为企业节省了大量开支，企业的业务虽然在不断扩大，但服务人员并没有增加，这全部有赖于快捷充分的沟通。

思科企业的总裁常常出现在企业的每个办公室里，而和他一起出现的是一个装有冰淇淋的大盒子，他在向员工分发冰淇淋的同时，和员工进行着交谈，倾听他们对企业的意见以及他们所关心的问题。这样的沟通，使得企业内部信息得到了快速高效的流通，员工之间也避免了钩心斗角和推卸责任问题的产生，企业内部的合作气氛日益浓烈。

如果领导和员工之间没有一个合理的交流平台，员工就会把时间放在抱怨、抵抗和发泄不满上，自然难以提高工作效率。与其让员工这样浪费时间，还不如及时了解员工的不满，并采取措施改善。

没有适当的沟通，员工就可能对分配给自己的工作和任务产生错误的

**给企业一个
舍不得你的理由**

理解,导致工作任务不能顺利圆满地完成,从而给企业带来损失。

管理者应当为建立一套完善的沟通系统而努力,当企业建立起一套成熟完善的沟通系统时,团队的工作效率必然会大大提高,员工们也会迅速地走向优秀,这必将有利于降低企业的成本,减少不必要的浪费。

重视企业内部的沟通是一个企业发展的先决条件,也是进一步让员工更快走向优秀的一种方法。

第 8 个理由
积极的员工让企业的产能与产出平衡

　　想要工作带给你的产能与产出平衡,主动精神实在不可缺少。任何习惯都是以积极主动为后盾,每个习惯都仰赖你积极主动的态度,如果你消极等待,就会受制于人,一旦受制于人,发展与机会便不会降临。

　　积极主动的态度是成功的关键。积极主动的人,心中自有一片天地。客观条件的变化不会对人的追求发生太大的作用,自身的原则、价值观才是关键。

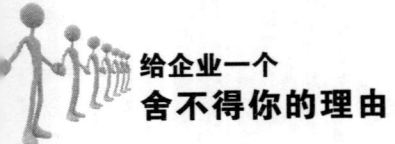

给企业一个
舍不得你的理由

◆勤奋是通往荣誉的必经之路

> 工作是一个发展的过程,在这个过程中,每个人都在成长,我们需要在成长的过程中不断蜕变,迎接更具挑战性的未来。

古罗马人有两座圣殿,一座是美德的圣殿,一座是荣誉的圣殿。他们在安排座位时有一个顺序,即必须经过前者的座位,才能达到后者——勤奋是通往荣誉圣殿的必经之路。

一个人的品性是多年行为习惯的结果。行为重复多次就会变得不由自主,不费吹灰之力就可以无意识地、反复做同样的事情,最后不这样做已经不可能了,于是形成了人的品性。勤奋是一种积极的品性,如果你对每一件事都很勤奋,过了很久之后,你会发现,当你做每一件事的时候,都会保持着积极向上的态度,长期保持的话,荣誉离你也不远了。

刘松是一家文化传媒企业的总经理。他刚到企业的时候,从事的是广告业务工作。当时他的上司是一位十分能干的人。

一天,上司对他说:"你非常优秀,我相信你能够变得更加优秀。有一件事,经过企业商量后决定对你的薪金做出调整,以后你的底薪没有了,只按广告费抽取佣金。"

这无疑给刘松的工作带来了一定压力,而且根据他当时的生活状况来看,无异于给他出了一个大大的难题。但刘松知道上司这样做是为了锻炼自己,他决定接受这个挑战。

第8个理由
积极的员工让企业的产能与产出平衡

刘松马上开始了新一轮的工作。他列出一份名单,准备去拜访一些未合作成功但十分重要的客户,他给自己定下了两个月的期限。

第一个星期,他通过自己的努力和智慧和10个"不可能的"客户中的2个谈成了合作。在接下来的几个星期里,他通过勤奋的努力已经和10个"不可能的"客户中的9人谈成了合作,只有1个还不买他的广告。

同事们都觉得刘松已经大功告成了,至于剩下的那个难缠的客户,已经没必要再在他身上浪费时间,但刘松并没有放弃。第二个月,刘松一边发掘新客户,一边锲而不舍地说服那位客户,而那位客户总是回答:"不!"

第二个月就要过去了,这一天刘松又来到了客户的商店,这位客户的口气缓和了许多,说:"你已经浪费了两个月的时间在我身上,我现在想知道的是,你为什么要这样做?"

"我并没有浪费时间,和你打交道本身就是一种收获,即使你不买我们企业的广告,我也能锻炼自己克服困难和积极向上的意志。"

那位客户笑了:"年轻人,你很聪明,也十分踏实肯干,我相信,拥有你这样员工的企业一定是一家优秀的企业,我决定买一个广告版面。"

敢为别人所不敢为,你就有可能成为强者。要想成为强者,必须先要在内心上坚强和积极。只有拥有强大的内心世界,才能在残酷的现实世界里战胜别人、战胜自己,获得自己想要的成功。

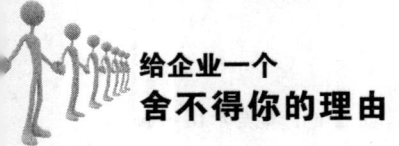
给企业一个
舍不得你的理由

◆主动加快追寻成功的步伐

生命是有限的,如果我们在工作中安于现状,对时间不够珍惜,对工作不够积极主动,那么宝贵的"现在"转眼就会成为明日黄花,成功的机会转瞬即逝,如果我们不能快一步,就只能徒劳地跟在它的后面追逐,触摸不到它轻飘飘的衣角。

在辽阔的非洲草原上,猎豹要捕获羚羊,最重要的是它必须具有比羚羊更快的速度,如果速度不够快,它便无法捕获猎物,就会被饿死,会被淘汰出非洲草原的食物链。对于羚羊来讲,它必须比猎豹更快,不然就有生命危险,跑的慢的,常常命丧猎豹口。

在现代商业社会,竞争更趋激烈,在商场温情脉脉的表象下,是惨烈的生存与死亡的界线。快一步则海阔天空,慢一步则万劫不复。如果想要生存发展,唯一的办法就是让自己变得更快,就像在百米跑道上,快一步就是冠军。

李志是一家保险企业的推销员,当初踏入这一行业时,家人无不极力反对,认为这一行很难做出什么像样的成绩,而他则以实际行动证明自己的选择是正确的。

当时,一般的保险企业推销员,一天只访问20到30位客户,而李志最多的时候每天能拜访100位客户。他每天起床起得很早,当天空还亮着几颗稀疏的晨星的时候,他就已经到了企业,并做好了一天的工作计划,等到7点出头,他就开始出门拜访客户。

李志往往8点钟不到就来到负责区域,展开例行的访问活动,而其他

第8个理由
积极的员工让企业的产能与产出平衡

同事这时可能才刚刚起床呢,他每天拜访客户之后,就回到办公室总结记录当天的工作情况,反思自己哪里做得不够好,一直到晚上10点才回家。

这样,作为一个新手,在月底结算的时候,他的成绩竟然是排在前几名的,甚至超过了很多老员工,这让主管对他刮目相看。主管私下里曾经问李志是不是有什么"秘密武器"或者隐形资源优势。李志就实话告诉他,自己不过是行动的时候比别人快一点而已。当别人还在睡觉的时候,自己已经来到企业做计划了,当别人做计划的时候,自己已经开始拜访客户了,当别人第一次叩开客户的门时,自己已经回访过一次了……自己只是比他们快一步罢了。

李志就是靠着这样的快一步的积极主动的工作方式,迅速在这个行业里站稳了脚跟,成了企业里的骨干人员。仅仅过去一年,他就成了一个非常大的区域的销售主管,企业里的同事都钦佩地称他为"销售神童"。

李志既无专业知识又无销售经验,在此之前完全是这个行业的门外汉,没有任何的资源优势,但是他却做出了不俗的业绩,获得了很大的进步和成功,究其原因,就是因为他积极主动的工作方式使他总能快人一步。一个"快"字,背后隐藏的是他的责任心、主动性、勤奋和努力,靠着这些,他拥有了快一步的执行力,赢得了更广阔的发展空间。

日本的"销售之神"原一平认为:"对推销员来说,一天的起步是很重要的。如果带着愉快的心情出发,则终日都能顺利成事;反之,慢吞吞地离开公司,又转往咖啡厅磨蹭半天,一切就会完全改观。"愉快的心情讲的就是要有积极主动的心态,不磨蹭则说明了执行力要快,这也是原一平本人成功的秘诀。

人在旅途,每个人都渴望快点接近自己的目标。

有一天,古希腊作家伊索在郊外散步,就遇到这样一个人。

那人在伊索背后问道:"先生!打搅你,从这儿到城里要走多久?"

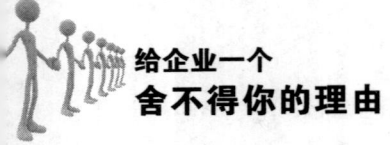

给企业一个
舍不得你的理由

"你往前走!"伊索头也不回地说。

问路者有点迷惑,心想自己可能没有说清楚,于是,他又问了一次。没想到伊索仍然说:"你往前走!"

问路者加快脚步走到伊索跟前说:"先生,我在问你正经事,你怎么总开玩笑,答非所问呢?我在问你要用多长时间,没有问你往哪个方向走啊!"

"朋友,我没有和你开玩笑。"伊索认真地说,"我没看到你步行的速度,怎么能回答你所需要的时间呢?"

那人闻听此言,便迈着大步向前走去。伊索在后面高声说道:"朋友!照这速度,太阳落山时你就能走到。"

我们在工作中,也会这样,期盼着成功明天就能实现。成功何时能够实现,答案其实就在我们自己的手中。一个人何时能够接近目标,那要看我们前进的步子有多快。如果我们像蜗牛一样,恐怕等到年华耗尽的时候,都看不到成功的日出;如果我们能快一些,再快一些,也许成功就在下一个转角处等待着我们。

在我们身边有许多人,他们每天都是在固定的时间内上班、下班、领薪水,等着企业交代任务,从来不会积极主动地工作,不会在工作中快一步。他们也憧憬成功的荣耀,他们也抱怨不温不火的现状,但是在憧憬与抱怨过后,他们仍然不去改变自己的工作模式,照样是固定的时间上班、下班,面对工作依然是做一天和尚撞一天钟,不去积极主动地加快自己的步伐。他们的工作没有激情也没有惊喜,成功是不会垂青这种混日子的人的。

任何一个人,如果想要在职场中打出一片天地,都应该养成积极主动、快一步的执行方式。成功也是有保鲜期、有效期的,如果我们不够快,那么本来等待我们的成功就会在某个角落里发霉,等到我们慢腾腾地找到它时,恐怕它已经腐烂变坏,成为我们避之惟恐不及的"失败"了。

第 8 个理由
积极的员工让企业的产能与产出平衡

◆解决问题要跑赢时间

哲学家费尔德精辟地说:"成功与失败的分水岭可以用这么五个字来表达——我没有时间。"鲁迅先生曾经说过:"时间就像海绵里的水,只要去挤,总还是有的。"一个人即使工作再忙,也还是能挤出时间来做自己想做的事,只要你迅速有效地把工作做完,你就能挤出一些时间。快,就是为自己争取更多时间。

《北齐书·文宣帝纪》中讲了这么一个小故事:北朝人高欢担任东魏的丞相的时候,为了测试几个儿子的智商高不高,就给他们出了一个题目:分开一堆乱麻。

大儿子一根根地往外抽,结果却越抽越乱,气急败坏。小儿子比大儿子聪明了一些,他把一大堆分成了两小堆,不过等到分开的时候已经过去半天了。只有高洋拔出快刀,几下就把乱麻斩断,顺利分开。高欢对他十分满意。

这个问题告诉我们,解决问题一定要快,很多事情的处理需要争分夺秒,快刀斩乱麻,容不得半点拖延。就像洪水来临时,大堤决口,人们往往在这千钧一发的时候用肉体堵住决口,以赢得时间。如果像平时一样慢条斯理地去找沙包木桩,恐怕等找来的时候情况就已经无法收拾了。

在工作中,快刀斩乱麻地解决问题,在很大程度上能提高自己的工作效率,防止一些衍生问题的出现。打个比方说,在盖房子的时候,如果发现地基打得不牢,就要立刻加固或者返工,绝不能拖延,否则等房子越盖越高

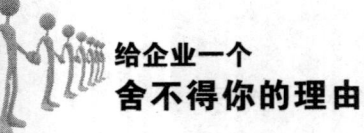
给企业一个
舍不得你的理由

就会出现更多更大的问题,有使整个工程毁于一旦的危险,到那时再要解决这个问题,就麻烦了。

威尔福莱特·康的前半生奋斗了40年,成为全世界织布业的巨头,平时工作之忙可想而知。他也曾想发展一下自己的业余爱好,但又总是认为自己的工作太忙,抽不出更多的时间。随着自己一天天变老,时间慢慢地逝去,他开始懊恼,最后终于下定决心在自己的兴趣——画画上发展一下。"无论作多大的牺牲,每天一定抽一个小时来画画。"他不想让自己除了挣钱外什么也不会。

但是自己的工作这么忙,事务那么纷繁复杂,如何保证这一小时不受到干扰呢?他意识到只有快速地把工作处理好,才能挤出时间来作画。他为了能在一种清静的环境下画画,把顶楼改为画室,而且他总是在清晨4点左右就起床,一直画到吃早饭。

他说:"过去我很想画画,但是我从未学过油画,我也不敢相信自己花了力气会有很大的收获。可我最后还是决定了,无论作多大牺牲,我总积极地把每一天的工作努力、快速地完成,然后把多余的时间用来画画,并争取晚上能提早休息,用来换取第二天早上的早起。总之,我就是用速度来换取时间。"

几年过去了,他压缩时间所积累起来的成果令人吃惊:他的油画在画展上大量出现,其中有几百幅以高价被买走,他还多次举办个人画展,他把卖画的全部收入设立奖学金,奖励那些优秀的学子。

威尔福莱特·康用速度换时间、快刀斩乱麻地处理工作和兴趣之间的矛盾,不仅获得了事业上的巨大收获,而且使个人的兴趣得到良好的发展。这个例子告诉了我们,养成一种积极的习惯,迅速有效地处理工作上的问题就能使我们获得更多的时间和成功的机会。

行动过程中,行动的速度不一样,结果也千差万别。比如我们从北京到

第8个理由
积极的员工让企业的产能与产出平衡

广州,相同的路程,但乘坐的交通工具不一样,到达时间一定也不一样。坐火车需要一天一夜,坐飞机却只需要两三个小时。快刀斩乱麻的工作方式能够为我们赢得一些时间,哪怕有时候这些时间很少,我们也千万不要小看了这点滴的时间,它们汇集到一起将是一笔巨大的财富,会结出异常甘甜的果实,会带来意想不到的机会。

很多时候,平庸和卓越之间的界线不像人们想象的那么大,有时不过是一个小小的优势,就能助你登上成功的顶峰,就能完成质的飞跃,但是,这一点点的差距,却是平时一点一滴积累起来的。执行之中快一点,成功就能近一步。

弗尼吉亚的戈迪亚斯王在其牛车上系了一个复杂的绳结,并宣告谁能解开它,谁就会成为亚细亚王。这就是号称着"谁能够解开,谁就能征服世界"的戈迪亚斯之结。

自此以后,每年都有很多人来看戈迪亚斯打的结。各国的武士和王子都来试解这个结,可总是连绳头都找不到,他们甚至不知从何处下手。

相传马其顿亚历山大大帝侵入波斯领地阿拉伯半岛,占领了格尔迪奥恩,当他到达弗尼吉亚城的朱庇特神庙时,看到了戈迪亚斯绳结,像其他人一样,他也解不开。

当时,他考虑了一下,就果断地从腰间解下佩剑,挥剑砍断了绳结,绳结终于从战车上掉了下来。后来,亚历山大率军入侵小亚细亚,一举占领了比希腊面积大50倍的波斯帝国,成为西方世界的主宰。

亚历山大大帝解开绳结的方法就是快刀斩乱麻,这看似貌视了规则,不按常理出牌,但却是最快最有效的办法。就是用同样的办法,亚历山大大帝用短短的时间建立了不朽的基业,成为历史上赫赫有名的人物。

面对工作中纷繁复杂的情况,我们往往陷入迷宫走不出来,一天天早起晚睡却效率低下,手头上永远是干不完的活儿。这种按部就班的工作方

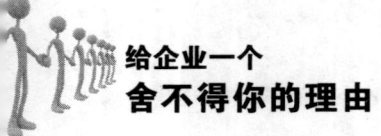

式是不行的,这样会把我们的时间慢慢地耗尽,使我们一生碌碌无为。在工作中我们一定要极富激情,处理工作一定要快速有效,要有快刀斩乱麻的魄力和效率。只有这样,我们才是真正利用了时间,成为掌控工作的主人,也只有这样,我们才能赢得更多的时间,从而为不期而至的机会做好准备。

◆主动行动,才能创造机会

> 机会对于每一个人来说都是很重要的,但机会从来不会从天而降,要想抓住机会,就需要自己主动去争取、去创造。那个守株待兔的人获得的只是一只兔子,而主动的行动者,却能获得成百上千只兔子。

机会对于每一个人来说都是很重要的,不管你在什么岗位,从事何种工作,机会都很可能令你大展才华,得到企业的重用,取得事业的成功。我们可以这么说,机会是每一个人事业成功的"催化剂"。

机会是如此重要,因此在现实工作中,我们经常听到一些员工将自己的失败归咎于没有机会,埋怨自己运气不好,责备企业没有给自己提供好机会,感慨自己没有赶上好时候、好地方……

真的是这样吗?其实不是。

俗语说,"美辰良机等不来,艰苦奋斗人胜天",机会只留意那些有准备的头脑,只垂青那些懂得追求它的人。机会是什么?不是你守株待兔地等待着,而是要靠自己去发现、去挖掘,甚至还得靠自己去创造。

著名剧作家萧伯纳曾说过一句非常富有哲理的话:"人们总是把自己

第8个理由
积极的员工让企业的产能与产出平衡

的现状归咎于运气,而我不相信运气。我认为,凡出人头地的人,都是自己主动去寻找自己所追求目标的运气;如果找不到,他们就去创造运气。"

因此,当你不被上司看重,不被企业重用的时候,千万不可错误地埋怨自己运气不好,责备企业没有给自己好机会,而应该多问问自己:"我主动寻找机会了吗?""我主动创造机会了吗?"

我们知道,犹太人无论做什么事情几乎都能取得成功,堪称是成功者中的佼佼者,这正是因为他们相信这样的原则:"凡是自己所能做的事情,都要自己主动动手去做,绝不可以求神帮忙。"

一个英国人和一个犹太人同时进入一家合资企业担任销售工作,两人都觉得自己满腔抱负没有得到上级的赏识,他们经常想:"如果有一天能与老总近距离接触,有机会展示一下自己的才干就好了!"

很快,犹太人就如愿以偿地争取到了更好的职位,而英国人却始终没有展示自己的机会,依然在企业默默无闻。为什么会这样呢?原来,犹太人主动创造了与老总近距离接触的机会,进而得到上级的赏识。

每次老总走进办公室时,英国人总会急切地盼望着老总的脚步能够慢一点,走到自己身边时停留下来。但老总每天的工作事务缠身,他只是轻轻地冲所有的员工微笑着点点头,然后就回到自己的办公室了。一次次的失望,让英国人感到万分沮丧。

那么,犹太人是如何做的呢?他打听老总上下班的时间,在算好的时间里去乘坐电梯"偶遇"老总,打过几次招呼后老总对他有了印象。接着他更进一步,详细了解了老总的奋斗历程,弄清老总关心的问题。后来,老总与他长谈了一次,不久就提拔了他。

愚者错失机会,智者善于抓住机会,成功者创造机会。

也许,你的能力不足以让你胜任某项工作,但总有你可以做到的事情。主动去做好那些你能做到的事情,同时积累经验,充分准备,甚至去创造珍

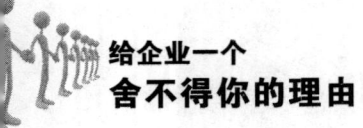

给企业一个
舍不得你的理由

贵的机会。如此,你就能获得别人的肯定,完全胜任某项工作。

女孩和男孩拥有一个相同的职业理想,即做一名电视节目主持人。大学毕业后,两人跑遍了A城的每一个广播电台和电视台,但是对方的回答却是:"对不起,我们只雇用有工作经验的人。"

女孩变得焦急、苦闷,不断地祈求上天能赐给自己一个机会,她经常对别人说:"我充分相信自己在主持工作方面的才能,只要有人能给我一次上电视的机会,我相信自己准能成功。"但是她等待了一年多的时间,一直没有人给她提供这个机会。

男孩是如何做的呢?

不给工作机会,怎么能获得经验呢?男孩觉得这个要求太不合理,倔犟的他开始为自己创造机会。他仔细浏览广播电视方面的各种招聘信息,过了十几天后终于发现某县正在电视台招聘主持人的信息。该县在山区,偏远荒凉、经济落后,可是,男孩已经顾不了那么多了,他想:只要能和电视沾上边儿,能让我主持节目,让我去哪里都行。

男孩这一去就是3年。在3年的工作时间里,他积累了丰富的工作经验,主持能力也提高了很多。当他再次到市电视台应聘的时候,轻而易举就找到了一个职位,并逐渐成为一名著名的主持人。

的确,机会从来不会从天而降,你能不能获得工作上的好机会,主要取决于你的工作能力、行动决心、工作经验,还有你能否努力抓住每一个机会磨炼自己、锻炼自己,主动为自己创造一切可能成功的机会。

这里还有一个典型事例,我们不妨一看。

巴恩斯十分希望能与爱迪生成为商业上的伙伴,可此时的他只能成为爱迪生手下的一名职员,每个月领固定的薪水。不过,他说:"这虽然不是我要的,但我会等到成为爱迪生的伙伴为止。"

在爱迪生工作室工作的几个月里,巴恩斯非常乐观,他积极主动去熟悉自己的工作环境，了解爱迪生思考模式及工作方法，并用自己认真负责的工作态度，让这个工作室工作变得更有效率、气氛更加愉快。

一次，爱迪生发明了一个办公室器材——口述机，但是这个长得难看的、市场对之相当陌生的机器非常难卖。巴恩斯深知这对自己应是一个很好的机会，他主动提出自己有意销售这项产品，正愁产品卖不出的爱迪生欣然同意。

接下来，巴恩斯开始异常努力地推销口述机，他跑遍了全美各地的大小城市，并最终使口述机得到了推广。销售工作做得相当成功，巴恩斯果断提出与爱迪生签订销售条约。至此，他终于成功实现了成为爱迪生合伙人的目标。

如果每一名员工都能像巴恩斯一样主动行动起来，千方百计地创造机会，为机遇的到来做准备的话，那么，即使在最平凡的岗位上，也能做出不平凡的工作成绩。记住：机会不是等来的，机会是人创造出来的。

◆人生是一个不断进步的过程

"逆水行舟，不进则退"，我们所处的时代是一个集高科技、高信息飞速发展的时代，每个人都无时无刻地不在面临着各种机遇和挑战，只有上下求索、不断进取，方能在竞争激烈的社会中立于时时更新的不败之地。

人生是一个不断进步的过程，时间在流逝、社会在发展、文明在进步，如果我们还停留在原地踏步的话，很容易被这个世界抛弃。只有那些不断

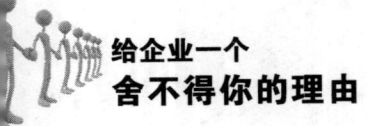
给企业一个
舍不得你的理由

追求、不断进取的人才能保住现有的,否则连现有的也将被夺去。

居里夫人在获得了诺贝尔奖之后,并未满足"现有的"。一次,居里夫人的朋友去她家做客,看见她的小女儿正在玩她的金质奖章,不禁大为惊异。居里夫人却笑道:"我就是想让孩子知道,现在所取得的,只能像玩具一样玩玩而已。绝不能死守着现有的,否则你将一事无成。"

正是凭着这种不断进取的精神,居里夫人在事业上才达到了的一个个巅峰。一个人成功与否,在于他是否做什么都力求再进一步。成功者无论干什么工作,都不会轻率疏忽、满足现状,相反,他会在工作中以最高的规格要求自己,要求自己做到最好。

人生要不厌倦,必须要有连续目标的追求。在前进的道路上,要不断给自己设定新的奋斗目标,并为实现目标顽强拼搏,克服一切困难;如果止步不前,不去精益求精、不断进取的话,就很难取得卓越的成就。

追求进步和发展应该是自然界的固有本性,是宇宙万物永恒运动的原动力。人类内在的智慧也总在推动我们去追求自我发展,追求自身价值的完美表达。人类的进步和对周围事物的再发现、再创造,实际上都产生于一种积极进取的品格。

帕拉塞尔苏斯,1493年生于瑞士,他似乎生来就是为了向这个世界挑战的,他蔑视一切传统,尤其是对当时的医学实践更是不屑一顾,甚至公然将传播了一千多年的教科书扔进学生集会的篝火里。为了否定举世公认的古罗马最伟大的医学家塞尔苏斯,他给自己起了一个非常简洁明快的名字——帕拉塞尔苏斯,意为"超过塞尔苏斯"。

他主张放弃一切传统的医学手段,而从实践中创新出一种全新的化学疗法。他曾尝试着用盐、水银等物质的合成去治疗使整个欧洲束手无策的疾病——梅毒,给绝望之中的医学界带来了一缕希望的曙光,这种疗法的效果使皓首穷经的传统医学界瞠目结舌。

第 8 个理由
积极的员工让企业的产能与产出平衡

1552年，帕拉塞尔苏斯在瑞士巴塞尔用全新的化学疗法治愈了著名的新利徒、印刷商约翰·弗洛本尼留斯的腿部感染，把他"生命的一半从地狱里带了出来"，从而享誉整个欧洲。巴塞尔市政厅因此而不顾医学界的反对，坚持让帕拉塞尔苏斯在大学任教，因此，他那些离经叛道的新主张、新观点也得以传遍天下。

不思进取，只知道躺在现在所拥有的温床上享受成果的人，终究注定了一生的碌碌无为。甚至，他们在循规蹈矩中渐渐忘记了"生于忧患，死于安乐"的道理，从而造成千古遗憾。正所谓"忧劳可以兴国，逸豫可以亡身"，无论何时何地，我们都要不断进取、不断超越，只有这样才能不被历史的潮流所淹没，才能保持遥遥领先的势头。

◆突破心中默认的"人生高度"

你之所以不能成功，是因为你不敢去追求成功，在心里面进行了自我设限。要想改变命运，走上成功之路，你就必须要不断地挑战自己，展现一个全新的自己，迈向一个更新的高度。记住，成功永无上限。

也许，你的工作现在走进了一个"死胡同"，你再怎么奋斗企业也看不见，高薪高职的机会也不会靠近。你感叹自己没有机遇，好运从不曾降临。这时，你应该问问自己，你是否提前给自己带上了自我设限的"紧箍咒"。

有人曾经做过这样一个实验：

往一个玻璃杯里放进一只跳蚤，跳蚤立即轻易地跳了出来，再重复几

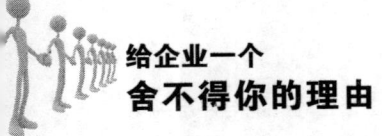

给企业一个舍不得你的理由

遍,结果还是一样。根据测试,跳蚤跳的高度一般可达它身体的400倍左右。接下来,实验者再次把这只跳蚤放进杯子里,不过这次的杯上加了一个玻璃盖。"嘣"的一声,跳蚤重重地撞在玻璃盖上。一次次被撞后,跳蚤会继续跳,但是不再跳到足以撞到盖子的高度。几天后,实验者把这个盖子悄悄地拿掉了,这只可怜的跳蚤虽然还在这个玻璃杯里不停地跳着,但是它已经无法跳出这个玻璃杯了。

仔细想一下,实验中的那只跳蚤难道真的不能跳出这个杯子吗?绝对不是,而是它早已经被撞怕了,在心里面已经默认了这个杯子的高度是自己无法逾越的,所以就真的再也跳不出来了。有些时候就是这样,之所以不能成功,是因为你不敢去追求成功,在心里面默认了一个自己设置的"高度",进行了自我设限。

要不要跳?能不能跳过这个高度?到底能有多大的成功?这一切问题的答案,并不需要等到事实结果的出现,而只要看看一开始每个人对这些问题是如何思考的,就完全可以预知答案了。

社会在不断地发展进步,一时的成功不是真正的成功,真正的成功是持续的成功。你必须知道自己前面还有更远的路要走,而目前的成功只是一个过程,是你成功路上的里程碑,并不代表你就是一劳永逸的成功者。

作为一名员工,只有不断地挑战自己、提高自己、完善自己,才能不断力争上游,才能脱颖而出,得到企业的青睐;而那些自我设限、安于现状的员工,无疑是对自己的潜能画地为牢,只能使自己原本无限的潜能化为有限的成就,这样的话,就永远不要奢望能够一直得到企业的垂青。

明白了这个道理后,你要想改变目前的工作现状,就需要整理一下自己,战胜自己,即解除自我设限的"紧箍咒",跳出自己或者他人设下的条条框框,不断地挑战自己,展现一个全新的自己,迈向一个更新的高度。

当然,对自身的局限进行突破,这一突破非常重要,同时也有相当的难

第 8 个理由
积极的员工让企业的产能与产出平衡

度,因为它所要突破的是隐存于自己内心里的自我围墙,要想在自我与环境中摸索出突破的方向,不做出一番努力是无法达到的。

起初,只有自考专科毕业的她只不过是 IBM 企业的"行政专员",这种工作与每天打杂无异,什么都干。她不但要负责打扫办公室卫生,而且还要负责给人端茶倒水。几乎没有人注意她、在意她。

一次,因为没有佩戴工作证,企业的保安把她挡在了门外,不让她进去,而其他没有佩戴工作证的人却可以自如地进出。她质问保安:"别人也没有佩戴工作证,你为什么让他们进去?"得到的回答却是:"他们都是企业白领,你和人家不一样!"

她感觉自己的自尊心被人当众踩在脚下。她看着自己寒酸的衣装、老土的打扮,再看看那些衣着整洁、气质不凡的白领们,她在心里发誓:"我真的只能做端茶倒水的工作吗?不行,我要努力缩小与这些人的差距。今天我以 IBM 为荣,我要通过自己的努力,让 IBM 也以我为荣!"

此后,她利用所有的闲暇时间充实自己。由于什么都要从头学起,她每天都是第一个来企业,最后一个离开,还常常熬夜到两三点,有几次居然晕倒在办公室。很快她成为了一名业务代表,而后通过几年的认真学习和实践锻炼,她的工作能力越来越突出,被任命为 IBM 企业的中国区总经理,她就是吴士宏女士。

吴士宏虽然学历低、经验少,但她没有安于现状,而是不断挑战自己,努力克服自身的弱项和不足,克服自己能力上的薄弱环节,从而依靠自己的力量突破自我,改变了命运,走上了成功之路。

在这个平等的社会中,没有人生来就拥有一切,也没有人注定不能够拥有一切。关键是你是否敢于挑战自己,完善自己,努力使自己能够达到更高的目标。相信那个时候,你就无须再愁得不到企业的认可了。

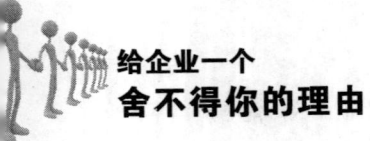

◆持之以恒的进步换来卓越

每天哪怕只有1%的进步,但今天进步一点点,明天也进步一点点,持之以恒,坚持不懈,你就能进入卓越员工的行列,获得更多的资源和更高的平台。

在快速发展变化的时代里,如果不懂得及时充电的重要性,不能做到不断地学习,就会被企业所淘汰,所以,企业的每一位员工都应该随时随地保持一种求知若饥、虚心若愚的学习心态,哪怕每天进步一点点。

事实上,每一个领导都愿意帮助那些积极进取的员工,而不是消极懒怠者。因为在前者身上,他能够看到永不放弃的执著、自信自立的坚强、积极向上的气息,这会让他情不自禁地渴望亲近和了解。

一个人,如果每天都有哪怕是1%的进步,往往更容易从一个平庸无闻者变成职场中众人瞩目的焦点,也远比其他人更容易得到发展的机遇,获得更多的资源和更高的平台。

黎萍身材瘦小,貌不惊人,而且只有高中文化水平,她在一家较有名气的外资企业任文员,而且同时服务于两位不同国籍、有着不同文化背景的老板——一位德国籍老板,一位英国籍老板,工作难度简直不敢想象。

刚进企业那段日子是最难熬的。两位老板只把黎萍当成个只会干杂事的小职员,不停地派些零七八碎的事情让她做,从来没有表扬过她。黎萍自知自己学历低、经验少,她不断地学习,以此寻找着让老板发现自己的机会。

除了把工作做得周到细致外,黎萍把自己所能见到的各种文件全部都

第 8 个理由
积极的员工让企业的产能与产出平衡

抢到自己的工作台上,只要有空闲就去认真翻阅琢磨,学习企业的业务。由于不熟悉德语、英语,黎萍就不厌其烦地去翻看她的那两本"无声老师"——德文字典、英文字典,她坚定地相信:"只要每天记住10个单词,一年下来我就会3600多个单词了。"

就这样一年多后,黎萍对企业的业务可以说了如指掌,而且外语水平也在与日俱进,这为她进入通畅的良性工作循环状况做了坚实的准备,也让两位老板对她刮目相看,不久就提拔她做了秘书,负责企业的日常事务。

秘书工作需要协调各组的资源,帮助老板处理很多的问题,还有很多事情要学,这一切都是她之前没有接触过呢?怎么办呢?于是,黎萍又报考了职业培训班,每个周末都去参加培训,风雨不误。

不过可喜的是,黎萍现在的德语、英语都达到了专业水平,还熟练地掌握了计算机操作。她积极向上,不断进步,不仅让两位老板承认了她,而且有时还愿意听从于她的"发号施令"。对于自己的成功秘诀,黎萍给出的答案是:"没有什么,就是每天进步一点点呗。"

《礼记·大学》中有段话:"苟日新,日日新,又日新。"每天进步一点点是简单的,但需要我们有足够的恒心和耐力。只要我们今天进步一点点,明天再进步一点点,持之以恒,坚持不懈,积少成多,其"水滴石穿"的力量便不能小觑。

"二战"之后,日本经济迅速衰败下去。政府想要复苏经济,振兴国家,就诚聘美国著名的管理学者戴明博士给企业家们讲课。当时参加课程的企业家有"松下电器"创始人松下幸之助、索尼企业老板盛田昭夫、本田汽车董事长本田中一郎。

戴明博士只讲了几个企业管理的概念。接下来,这些企业家都开始彻底执行戴明博士所提到的管理方法,结果后来呢,这些企业家都成为世界一流的人物,世界级的企业也随之诞生了。

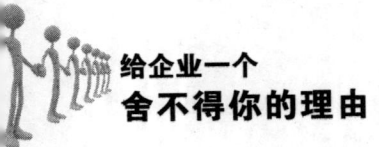

给企业一个
舍不得你的理由

戴明博士教了这些日本企业家什么呢?事实上,他就只有一个简单的管理概念,这个管理的概念就是要求每一个员工,每一个企业,每一个部门,每一个人,每天进步1%。

作为员工,无论你身在什么职位,从事何种工作,你都应该牢记"每天进步1%"的理念,每天问问自己:"今天,我又学到了什么?""今天有没有进步和提高?""今天哪里可以做得更好?"

克林斯曼是德国足球队的主力前锋,他是一直深受广大观众喜欢的球星之一,被称为"金色轰炸机"。当记者采访他是如何能够保持状态并一直取得成功时,他很感慨地说:"我不是天赋异禀的球员,论天赋我不如马拉多纳,论身体我不如贝利,不过这不重要。每次比赛后,我总会问自己还能踢得更好些吗?或是哪些地方是我的不足……"

相信一点:你能在现有的基础上做得更好。

坚持下去,不仅能彰显自己积极进取的美德,而且能积累一种超凡的技巧与能力,使自己具有更强大的生存力量,从而进入卓越员工的行列。到时候,领导的目光自然会转向你,关注你、信赖你,从而给你更多的机会。

◆学习领导的与众不同之处

一个胸怀大志的员工,必定善于观察和思考领导与众不同的地方,从他们身上学习自己尚不具备的品质。这是取得优秀业绩和长足进步的主要方式,也最容易受到领导的爱惜和重用。

不管在哪个企业里,也不管这个企业的领导多么杰出,总会有那么一

第8个理由
积极的员工让企业的产能与产出平衡

些员工看不起领导,而且,员工们在一起,谈起领导的不足来,每一个人都可以列举一大堆堪称笑料的领导的"轶闻"。

"领导不过就那样子!""如果我是领导,我肯定比他干得好!""领导太没文化!""简直就是一个暴发户,素质低!"

……

但是,为什么领导成功了,你没有?人无完人,领导也不例外,但领导之所以是领导,肯定有其过人之处,或雷厉风行,或赏罚分明,或平易近人,或认真负责等,千万不要死盯着领导的缺点不放。

对任何一位员工而言,工作的最大目的是为了谋生,拥有一份固定的收入可维持自己乃至于家庭的生活开支。除了这样无奈的理由之外,你要想跟上企业的步伐,获得企业的倾力支持,还要多向领导看齐,多向领导学习。

例如,沃尔玛的创始人山姆·沃尔顿本身是节俭的典型;松下电器的松下幸之助是无私奉献的模范;中国的李嘉诚更是艰苦奋斗的突出代表……这些成功者的身上的优秀品质,值得人们细细品味和认真学习。

作为员工,向领导学习是适应企业文化的重要方面。企业是什么样子往往与领导的个性和能力有着密切的关系。比如,领导为人很低调,企业也往往会很保守低调;领导敢想敢干,企业也就富有冲击力。在前面的章节中,我们已经了解到,企业欣赏和重用那些能够与企业文化相容、步伐一致的员工,一旦哪个员工的行为作风与企业不协调,就会成为不受欢迎的"刺儿头"。当然,这些领导不会对员工讲太多,要你自己去悟。

一个胸怀大志的员工,必定善于观察和思考领导与众不同的地方,从他们身上学习自己尚不具备的品质。杭州奥普电器有限企业的董事长方杰当初就是一个善于向领导学习的人,而且他取得了巨大的成功。

在澳大利亚留学的时候,方杰成为澳大利亚最大的灯具企业

给企业一个
舍不得你的理由

LIGHTUP 企业有史以来的第一位华裔员工。当时他还不懂商业谈判,他知道自己的缺陷,很希望学会谈判的本领,他知道他当时的领导是一个谈判高手。

于是,每当有机会与领导一起进行商业谈判的时候,方杰总是在口袋里偷偷揣一个微型录音机,他将领导与对方的谈判内容一句句地录了下来,然后再回家用心地倾听并揣摩领导是怎样分析问题的,又是怎样回答的,他为什么这句话说在前面,这句话说在后面。就这样几年以后,方杰成了一流商业谈判高手,促成了企业多次生意。

到 1996 年,领导退休时,将方杰推荐为 LIGHTUP 企业总经理,方杰成为了澳大利亚身价第一的职业经理人。后来他回国自己创业,一手打造了奥普浴霸。对于自己的成功,方杰如是说:"我并不是一个天生的生意人,我的成功是虚心向领导学习的结果。我看到他许多的优点,对他非常敬佩,我的所有的成功和他都有关系。"

从一个名不见经传的打工仔,到澳大利亚 LIGHTUP 企业总经理,再到跨国企业的著名职业经理人,方杰成长的经历告诉我们:扎实工作,尤其是懂得向领导学习,那你一定可以不断地成长,并最终获得成功。

学会发现领导身上的优点,善于向领导看齐,向领导学习的员工,总是能够取得优秀的业绩和长足的进步,也最受领导的爱惜和重用,从而更快地接近成功,这是优秀员工追求卓越的方式之一。

因此,你要时常抱着积极进取的态度,善于观察和思考领导与众不同的地方,从他们身上学习自己尚不具备的品质,经常自我省察,认真地想一想:"如果是我碰到这样的问题,我会怎么做?""领导为什么能够处理得这么完美?""为什么他能够提升到这个位置,而我暂时还有哪些不足?"

第 9 个理由
竞争力强的员工更容易获得机遇

竞争力是参与者双方或多方在角逐或比较中所体现出来的综合能力。它是一种相对指标,必须通过竞争才能表现出来。

在职业生涯中,我们应首先明白自己的优势,并以这些优势来形成自己的核心竞争力。要清楚地了解,自己到底有什么是能让朋友、同事、上级领导及周边的人值得称道的东西,而这些"东西"就是你的财富,就是你的核心竞争力。核心竞争力如同一把锋利的刀,利用好它便可以相对轻松地获得机遇。

◆怀才不遇的类型分析

自感怀才不遇的人,容易把自己孤立在一个小圈子里,会有一种自负的念头,觉得企业欠自己的。因此,他常会在抱怨和浮躁中度日,并且很难参与其他人的圈子,会丧失竞争的能力。

工作中,你是否遇到过这样的同事,他们牢骚满腹、懒懒散散却喜欢成天抱怨,觉得自己怀才不遇,因为自己的价值没有被领导发现而不被重用。这样的人往往是在抱怨中蹉跎岁月,到头来一事无成。

在现实中,确实有很多人因一些因素才华得不到施展。可是一味地慨叹怀才不遇并不能解决问题。我们常说,机会总是留给有准备的人,如果你真正有才华,那就积极地备战,一旦机会降临,你就会大有作为。

生活中,有这样两种类型的怀才不遇:

其一,有着真才实学,但是并没有遇到伯乐,没有找到适合自己施展才华的舞台;其二,自以为自己有才的人。

相应地,"不遇"也可分为两种情况:第一,没有遇到伯乐;第二,时机未成熟或是没有遇到机会。

很多有才学的人往往表现得恃才傲物,对平凡的工作瞧不上眼,总想干出一番大事业。这样的"才华"之人,在遇到困境时就会长吁短叹、感慨命运不济。其实,换个角度你就会跳出"怀才不遇的"的定式,其实你就是自己的伯乐,要发现自己"才华",并把才华发挥出来,而不是在感叹中过日子。

第9个理由
竞争力强的员工更容易获得机遇

对于那些并无才学,但是自觉怀才不遇的人,往往因为自己的不良心态或是习惯错失了良机,这类人会一味地逃避困难和问题。并会表现出一副自负的心态和模样看待别人,以此来抬高自己。

一个年轻人在工作中总是不顺心,几年来都没有得到提拔,看不到发展的前景,便认为自己怀才不遇,牢骚满腹。

一天,他在公园散步,与一位退休的老者攀谈了起来。他问:"我很有能力,但怎么总是遇不到伯乐呢?"

老者笑了笑,捡起脚边的一粒沙子,对年轻人说:"这是一个小沙粒。"然后顺手把这粒沙子扔到了不远处的砂石中,"你能把刚才那个小沙粒捡回来,我就告诉你答案。"

年轻人跑去寻找,但并没发现。于是,他悻悻地回来说:"怎么可能找到?砂石都差不多,刚才那颗掉到这里边,根本找不出了。"

于是,老者又从身上拿出一个玻璃球,顺手将它扔到沙粒中,并要求年轻人捡回。

这次年轻人很容易就捡了回来,并高兴地说:"这下可以告诉我答案了吧。"

老者语重心长地说:"为什么第一次你找不到,第二次却能轻松完成?"

年轻人若有所思,猛然顿悟,于是告别老者返回家中。从此,他开始认真学习,在工作岗位中努力工作。因为他相信只有当自己做出成绩,得到别人赏识,才能被别人发现和认可。

其实,我们大多数人就像这沙粒一样极其普通,相互之间并无巨大差别,所以终究不会被他人发现。只是我们在自我膨胀、自视过高的时候,往往会产生遇不到"伯乐"的情绪,实际上是我们的能力还达不到别人要求的标准。如果我们仍旧发牢骚、吐苦水,那只能是继续干小职员的工作,仍旧在原单位继续"怀才不遇"。

因此,当我们产生了怀才不遇的情绪时,首先不是怨恨和愤怒,而是

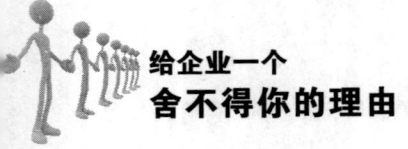

给企业一个
舍不得你的理由

要好好反省一下自己,我真的具备与众不同的能力吗?如果我并没那个能力,就别在自感怀才不遇,在遇到表现机会之前,先好好工作与学习,练好"内功"吧。

◆职场生存之九大核心竞争力

一个人的综合素质是多方面的。专业是一项最基本的职场竞争力,除了专业以外,还得学习、培养自己的沟通能力、处世能力等,只有全方面地融合了这些职场竞争力,才能让自己在企业中很好地生存下来。

简单来讲,竞争力是安身立命的根本能力,它决定了一个人在社会中的方方面面。主要包括你的创造能力、社会适应能力以及沟通能力。换句话说,就是你占有什么样的发展资本。

人生在世,会面临严酷的职场竞争力大考验,对于员工的淘汰,不再讲求情面。如果你是一个职场新人,面对新人高"阵亡率"的境遇你该怎么做?

简单来说,能够立足于世,不能没有专业特长,但是这并不是唯一条件,你还需要很多附属条件,这些条件就是你的"竞争力"。

核心竞争力第一:好性格

有句话用在新人求职上很贴切,即"性格决定命运"。很多企业主管都领教过"草莓族"的不能吃苦耐劳、缺乏团队精神、承受压力与挫折的能力低、责任感与忠诚度差、对于成功的追求动机不足,基于这些因素,在新人的筛选上,领导们往往更注重性格特质。科技业用人,都是技术挂帅,但在开展一项工作时,经常要不眠不休完成使命,这就对科技人员的毅力与抗压性有较高的要求。在服务业,服务质量往往决定于性格特质,多数服务业都希望员工要有敏锐的洞察力、开朗、活泼、热情和亲和力,并有耐心进行沟通协调工作。

核心竞争力第二:学历

学校、科系、学位是学历方面的考核项目,如果本身学历不高,可以考虑出国留学或报考国内硕士班这些补救措施,用最高学历"勾销"先前较差的学历。国内研究院所的大门始终是为这部分人员敞开的,从"硕士在职班"到"产业硕士班",各种渠道多元畅通,只要你有意愿去拿个好学校热门科系的硕士学位。另一方面,选择学历门槛较宽的工作也不失为一种避短的方式。比如部分服务业、偏远地区地方企业、销售业等,这些行业在人才竞争上处于劣势,对学历要求也就不高,不妨先在这类工作中累积一定的资历,有时候这种经验资历比"学历"更管用。

核心竞争力第三:证书

在市场经济日益发展的今天,"证书化"也慢慢显现出来。除了法律、会计、医疗等行业要有证书才能执业,现在房地产业、美容业、金融业、餐饮业、信息业、健身业这六个行业,还有环卫部门等,也都逐渐走向"证书化"。专业证书可弥补学历的不足,因此是很多在学历上不占优势者的选择。

在校期间,学校主要是培养学生的专业技能,一旦你踏上专业之路的第一步,就会接触到很多行业所特有的技能,这是需要在工作实践中学习而学校无法提供的,因此,在最初的"学徒期"不要太看重薪水待遇,有学习的机会才最重要。应该有意识把工作当成学校的延伸,将主管和资深同事作为自己的良师,像海绵般虚心学习,将自己专业技术的"马步"扎稳。过去所谓的"一技之长"已经不足以满足社会需求,因为单一技能的人才过剩,不能够跨领域培养多重专长,就很难使你领先。

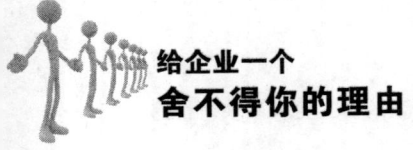
给企业一个
舍不得你的理由

核心竞争力第四：经验的历练

"轮调"是跨国企业培养高级人才的最重要方法，也就是让你在不同部门与国家进行工作，从而培养阅历、历练经验，这样才会在实践中决定你究竟可成大器，还是一个小零件。对社会新人来说，以前学习中的打工实习、学校社团活动、竞技比赛、海外游学等都是有用的历练，而对职场新人来说，能够将高难度的陌生任务不视为畏途，而是积极应对并努力争取参与各种项目，或者争取外派出差机会，这些对你自身都是很好的磨炼。

核心竞争力第五：培养听说读写算的能力

我们从小就在培养听说读写算这些基础能力，因为无论是生活还是工作都离不开这几种能力，但时下新生代们却有"退化"的迹象。很多主管抱怨新进员工的电子邮件词不达意、语意模糊；行销主管对新生代们的文案书写也颇有意见，虽然创意十足。

除了传统的听说读写算，对于现代常用的办公室文书软件也应很好地掌握，因为这也是我们的基础能力。很多企业以为新生代是计算机熏陶下成长起来的一代，所以不会注明要熟悉办公软件，但在工作中才发现录用了这些不懂 Powerpoint、Excel 的员工，更有甚者用 Word 绘制简单的图表都不会。

总之，逻辑思考力、文字表达能力、外语能力、沟通表达能力、数学能力、办公软件使用等都是不容忽视的职场基础能力。

核心竞争力第六：情报能力

进入知识快速"折旧"的年代，以前在校期间学到的东西，如果不注意更新，很快就跟不上时代，所以，光有积极学习的上进心还不够，更要懂得怎么快速高效地在浩如烟海的信息中"淘金"，从而对最新情报有所了解，特别是关键情报。现在是速度决定胜败的时代，谁掌握先机谁就能赢，如今，企业都把"情报搜集"看做必要的工作技能了。

核心竞争力第七:表达能力

不论你是做业务还是做技术,任何工作都需要有汇报能力,要懂得如何进行一场会议。在工作上要能创新思考,要会撰写基本的企划提案,并且具备分析解决问题的能力,对内外部客户要掌握服务的技巧,要有良好的说服能力。

核心竞争力第八:职业好形象

除了研发研究人员与外界接触少外,像业务销售、公关、教育训练、行政、法务……这些都是需要与人打交道的工作,绝大部分是要与他人沟通的,因此个人形象管理格外重要。注重形象包装对于专业表现也是很有好处的,而且好的形象在专业说服上也会给你加分。"品位"是共通的原则,哪怕我们从事的行业不同。

核心竞争力第九:人际关系

人际关系学的另一门功课在于建立办公室内的良好关系,这包括与同事、部属、主管、客户建立良好的人际关系,就算不是朋友,至少不要为敌,以免卷入错综复杂的人事纠纷中。

给企业一个
舍不得你的理由

◆学会"竞走",不再枯燥地工作

在枯燥的环境里,如果以不舒适的姿态并要保持一定的前进速度,同时内心还要始终维持平和稳定的状态,确实不是一件容易之事。当我们在职场上遇到无奈的情形时,可能就会和竞走运动员有相同的处境。那么,我们不妨借鉴一下竞走运动员的做法。

竞走是奥运会中最艰苦的项目之一。选手们在长达20公里的漫长路程中,始终处于一种不舒服的身体姿态,他们的膝盖不能打弯,而且前方的路程又非常枯燥,所以,有人说:竞走选手实际上都是人类的耐力大师。

如果再仔细分析,竞走运动员实际上也是心理大师。对于现在的职场人士来讲,其中有很多可以借鉴的地方。如果你并不满意现有的工作,但是又不敢任性跳槽。这样的话,你可以选择在不那么舒服的状态中开始"职场竞走"的漫长历程,而且要寻求心态的最佳平衡点。

欣音在一个不太喜欢的报社待了整整7年。许多人都觉得不可思议,要是换成自己可能早就疯了。但是她却坚持下来,并获得了经济上的稳定,直到孩子上小学,欣音才辞退了工作。朋友问她,在过去的7年里,欣音如何能气定神闲地保持内心的平衡?她分享了一些自己的经历,其中不乏有"竞走高手"的味道。

首先,欣音在手头工作中找到自己比较感兴趣的,而且将此作为重点来关注。当时,她负责报纸的好几个栏目,而她真正感兴趣的只有一个,因此她把这个栏目作为重点来做,尽求完美,而其他栏目则以完成任务为主。如

第9个理由
竞争力强的员工更容易获得机遇

果能这样看待自己的工作,就会觉得工作像一个长相平平但却有甜美笑声的女子,你不必在意她的相貌,只是这种甜美笑声就会给你带来很多快乐。这样做的好处显而易见:一方面使工作有了一种持续的成就感;另一方面避免了因为成绩平庸而被炒掉,因为在某一方面或必要环节是其他人不可替代的。

另一个方法就是将工作带来的价值具体化。人活着就会有希望,但一定是具体的希望,这样才能对心理产生足够大的激励作用。欣音经常会为自己描绘未来的景象,比如,丈夫和自己在美丽的海滩上漫步、孩子走进知名学府读书……关于未来的想象越具体越生动,那么在心中产生的动力就越明显,同时对工作产生的抵触情绪就越少。这样一来,欣音已经不再把工作看成是枯燥无趣的生存手段,而是一种美好心愿实现的途径。

还有就是业余兴趣。欣音在工作之余很喜欢欣赏和评论欧美流行音乐。她觉得当一项兴趣持续下去,或许兴趣就可能变成新的职业,日后自己或许可以成为欧美流行音乐评论方面的专业人士。

最后就是时刻准备从事其他工作的能力,要清楚地认识到眼前所不喜欢的工作是一个跳板,因此不必为此烦躁。

现在回过头来再看竞走比赛。大家都知道,参赛者最后是要由公路转到田径场中,来完成最后一圈的比赛。倘若运动员在最后一圈犯规,要视具体情况或是给予警告,或是直接取消其比赛资格。也就是说,不要小瞧最后阶段,这是决定你功成名就还是功亏一篑的关键一圈。在职场中也是一样,最后阶段必须做到最好,否则就会最危险。

在工作中,我们可能会碰到这样的情况,有的同事在辞职时领导不会感到气愤或者不理解,或许还会召集全体同事欢送他,或是一起吃饭,相谈甚欢。那么,他们是怎么做到把辞职这件事做得不尴尬而很开心呢?下边的几个方式可能对你有帮助。

第一,先给领导发邮件,在邮件中表达近期有换工作的愿望,尽量不要

直接而突然地当面提出，因为会引起不必要的惊讶或是尴尬。

第二，给企业一个缓冲的时间，告之领导会再干一个月。这点最重要，对于人员的流动很正常，但不要造成整个企业的运行秩序受影响。这样做可以将你离开而产生的影响降到最低，也会给领导留有好印象。

第三，"等"待最佳时机与领导面谈，一定不要着急，因为对你而言辞职是很重要的事。

第四，站好最后一班岗，"走好最后一圈"。在离开前，更是要把工作做到最好。不仅可以得到一个"认真负责"的好名声，也会给现任领导留下好印象，这对你日后的职业发展不无裨益。

第五，在离职前的一个月内，不要将离职之事放出风去。首先，也许事情会有变化，比如改变了辞职的想法；其次，不要对企业的工作氛围产生影响。

第六，在离职前一周时间，可以很礼貌地向同事说明离职的消息。给同事们一周的时间做心理准备，大家也不会觉得仓促，以免大家对你离职的原因产生各种猜测。

或许有人会质疑，辞个职何必这么麻烦，走人就行了？其实不然，辞职前期就像竞走比赛中的最后一圈，如果草率行事可能会栽在里边，使之前长期的努力付诸东流。应该清楚，一个人在职场中是需要依靠人脉和能力才能成功的。一般在跳槽的过程中，新单位对你之前的职业经历会严格考查，特别是正规的企业，他们甚至会对你之前的领导、同事都做调查，因此，如果你没有走好辞职前的"最后一圈"，得到了评价不佳的结果，那么很可能在下一份工作生涯中道路坎坷。

第 9 个理由
竞争力强的员工更容易获得机遇

◆让"硬实力"与"软实力"结合

在职场中,"硬实力"是我们干事的基础,能保证我们在业务能力上过关;同样,"软实力"也很重要,就是能让你在关键之处脱颖而出的条件。

在竞争如此激烈的今天,能够在职场获得一席之地,单凭一点儿专业知识是不够的,要求我们不仅要有硬实力,而且具备软实力。人常说"黄金有价玉无价",如果用这句话来形容今天的职场——金是硬实力,玉是软实力。

软实力是社会心理学术语,主要是和人的情商关系密切,它是对一个人语言沟通能力、人格特质、品德、社交礼仪、态度、个人习惯等的综合表述;硬实力更多的是技能的体现,是工作中要求我们必须具备的专业技术。

从事某个职业时,我们必须具备的工作技能就是我们常说的硬实力。如果你从事医务工作,那么医学院的毕业证书和医生执照都属于硬实力。同时,你治好了或多少病人获救,是显示你硬实力的业绩表现。

一个出版社想要招聘一名校对员。业务知识考核后,剩下来的复试者被带到总编的办公室进行面试。白洁是复试者中的一位,在 10 分钟的面试后,总编起身,礼节性地将她送到门口。

白洁突然停住脚步,说:"总编老师,很感谢您给我的机会。不过我还想多说一句,面试时我发现您的办公室内的电线有裸露的地方,这多危险啊!为了安全起见,考虑请个电工师傅看看吧!"

给企业一个
舍不得你的理由

复试成绩公布了,白洁的名字出现在录用名单上。上班第一天,白洁去总编室报到时,总编告诉她为什么被录取,他说:"你的细心打动了我,让你做校对工作,应该是可靠的!"

白洁的经历告诉我们,在业务能力上过关是你"硬实力"符合要求,而"软实力"可能决定着你的胜出。

有些软实力对某些人却是硬实力。可能我们平时与人谈话、交流的话语,对我们来说是软实力,但是表达能力对节目主持人来讲就是硬实力。

中国留学生郝素和美籍华人丹尼都毕业于美国常春藤名校物理系。当时正值一家顶尖美国银行筹备亚太部,很是缺乏人才,于是他们一起应聘,经过层层考核后共同进入了这家银行。

郝素虽然拥有常春藤名校物理博士学位,但是患有严重的鼻炎,而且眼睛深度近视,性格又很内向。一般人可能对他的第一印象不佳。他虽然英文很好,但是当众表达能力差,当时企业雇用他,主要是因为他数学很好,可以帮银行做信用风险模型。之前提到的郝素的博士学位、英语、数学等都是他的硬能力。其实,在郝素面试时已经有面试官不满意他的交流能力,可是他具备一流的建模能力,属于当时银行急需的人才,于是银行在2轮面试后就给了他正式的聘请函。这样郝素得到了他梦想的工作。

丹尼是美国土生土长的华人,既有传统的华人文化熏陶下的谦逊,又融合了美国人的自信。丹尼虽然是个本科生,而且数学等专业知识远不及郝素,但是他当众言说能力很棒,有自信,又谈笑风生、幽默、阳光而有魄力。同时,他中文也不错,发音很标准,总体而言丹尼的软能力十分出色。面试官都很喜爱他,因此他也得到了工作。

在建模型的初级阶段,常常要加班,工作压力使得郝素病倒了。在模型建成后关键的第一次工作汇报时,郝素没法参加,只好由丹尼顶替。丹尼不明白的地方就用电话里向郝素请教。

模型出成果后，郝素需要作工作汇报，也可以借此补上次的缺席，但是，郝素太过紧张，说话结结巴巴，几个大领导和整个部门员工都不明白模型的特点、好处是什么。最后，还是丹尼帮他解围，用简明扼要、通俗易懂的语言为大家做了解释。

时间飞逝，丹尼最后成了这家银行亚洲信用风险首席官，而郝素却在金融危机中被裁员。虽然，郝素本身的硬能力远高于丹尼，可是软能力上的缺失终使他在职场中失败。

从这个故事可以清楚地看出，提升你的"软实力"是多么的重要，也许你的"硬实力"会让你在职场中有一席之地，但是你的"软实力"可能会令你如虎添翼。

◆顾全大局，提高自身素质

> 在职场中，为了大局，为了整体和全局的利益，同事间应该抛弃私心杂念和个人成见，自觉锻炼顾全大局的品质和风格，这既是事业发展的需要，也是个人修身养性的需要。

对一个员工来说，要想在职场中胜出，同样要把培养大局意识作为发展的根基。

在历史的长河中，我们发现，很多英雄豪杰，因为个人性格、情感缺陷，在做事的过程中不能从大局出发，不能把握实际尺度，不能从利害关系出发，从而铸成大错，造成严重的损失，有的甚至一失足成千古恨。

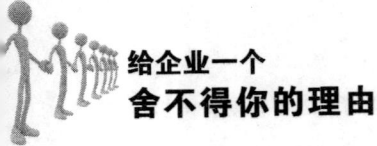

给企业一个舍不得你的理由

经常有这样的情况，一些业绩突出却自命不凡的人在企业内处境艰难，一些精明能干但过于计较得失的员工不为企业所接纳，成为行色匆匆穿梭于各个招聘场的人。为什么这样"有才华"的人在职场中不能被用人单位所容纳和重用，原因可能不是缺乏"伯乐"，而是因为他们没有处理好个人与整体的关系。在领导眼里，全局高于一切，一个单位的整体利益肯定是至高无上的，而一个自私自利，只为小团体或部门利益着想的人，肯定是登不上领导手中优秀员工名单的。

李江是企业企划部经理，带领着一个10人团队，在他的部门有一位名叫胡波的员工，工作表现相当出色，策划创意好、工作效率高，深得李江喜欢。但是，自从胡波荣获明星员工后，开始变得自大起来，平时不把同事放眼里，策划讨论时听不进别人的意见，还经常向领导打同事的小报告。

久而久之，胡波的傲慢让大家对他产生隔阂，没有人愿意与他合作，进而导致整个企划部士气低落、人心涣散，工作效率极差。然而，李江并没有意识到问题的严重性，反而觉得是胡波力挽狂澜，用一个人的高效挑起了整个团队的重任，于是不断提拔胡波，而胡波则因此变得更加不可一世。

最终，其他员工陆续离开了企划部，只剩下李江和胡波。在年终考核中，这两个缺乏团队合作意识的员工同时被老板解雇。

优秀的员工，凡事能从大局出发，在事关大局和自身利益的问题上，能以长远的眼光权衡利弊得失，以宽广的眼界审时度势，自觉做到自我服从全局，局部服从整体，眼前服从长远，立足本职，甘于奉献。他们具备统观全局、服务大局的优良素质，在赢得企业和领导信任的同时，更为自己的职业生涯打下了稳固的基础。

在正常的职场环境下，只要是对工作有利的好主意、好建议，大家都会采纳的。那么，同事为什么不采纳你的好主意、好建议呢？自身要检查有没有这样的情况：

第9个理由
竞争力强的员工更容易获得机遇

1.过分地在大庭广众之中渲染自己的好主意、好建议,生怕人家不知道似的;如果你在私下里把好点子奉献给你的同事,他不但非常乐意接受,而且会感激你。

2.你的点子的确是好点子,但囿于各方面的原因暂时还不能执行。再者,每个人站的角度不同,看问题的方法也不同,因此,同事暂不采纳你的"点子"是很正常的,不能心怀不快。

3.对别人的计划、主意横加指责,大发议论,引起同事们的反感。你的点子再好,别人也会在排斥心理的驱使下而不予理睬,因此,出点子的时候一定要以平等的态度待人,而不要自恃高明,盛气凌人,以为自己的点子是天底下最好的。

◆最优秀的员工要身心并进

做最优秀的员工,不仅要求我们把应该做的工作做好,还要求我们把自己的思想意识提高到优秀员工的层次,更要求我们在工作中学会服从,高效执行,不断学习、不断提高、不断充实自己。

在工作中,自觉执行的人才是最好的执行者,他们坚信自己有能力完成任务。他们做事不是凭三分钟的热情,也不只是为了领导的称赞,而是自觉地执行、不断地追求完美。

小莫是一个真诚、认真的女孩,她清楚地知道自己的优势和劣势,对职业的要求很实际,只希望能找到一份自己能够胜任并且喜欢的工作,然后勤勤恳恳地做到最好。

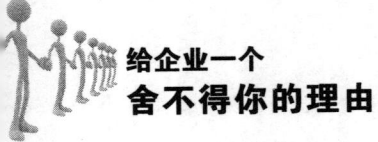
给企业一个舍不得你的理由

与那些从高中考入大学,然后顺利走上工作岗位的同龄人不同,小莫的求学经历显得艰难多了。1990年,小莫进入上海电子工业学校通信电子信息技术专业学习,3年后,又进入了该校外贸企业管理专业,开始了两年的中专学习。由于该校实行的是德国的"双院制"教学模式,特别注重培养学生的实际操作能力,这让小莫受益匪浅。从该校毕业后,小莫进入了基士德耶办公设备(中国)有限企业上海分企业,这是一家外商独资企业,小莫在客户服务部任助理职位,工作内容主要是通过电话拜访,及时获取用户的各种需求信息,并及时提供给各相关部门、接待来访等。由于工作出色,一年半后小莫被调往销售部做业务员,负责举办产品介绍会、开发客户、销售产品。因为对销售工作不是很感兴趣,一年后小莫选择了离开。

1997年8月,小莫进入了上海某信息有限企业,在行政部门担任总经理助理。因为企业规模不大,人员精简,小莫成了企业里的"多面手"。她的工作职责包括:协助总经理制订制度,主管企业行政、财务核算、后勤采购;管理各类文档;办理人事录用、社会保障、各类年检等手续及对外联系;协助总经理完成其他相关工作等。

在这里,小莫一直工作了5年。企业总经理对她的评价是:工作认真、尽心尽职、忠诚、办事效率极高,是难得的好帮手。

想要培养工作中的自觉执行意识,应该从以下几方面努力:

1.站在上司的角度去考虑工作问题。

2.对自己的直接上司,要尊重,功劳要给上司,时常检查自己的行为。对上司有意见,不要在企业里当面提,要在私下提。

3.制造跟领导接触的机会,努力进入领导的圈子,成为他所信任的左膀右臂。

4.如果你发现领导在工作上面有缺陷的地方,不要到处说,你可以给他写一封电子邮件,谈谈你对这项工作的看法,但是你不要直接说他是错的！

5.如果你管理着一个部门,而你的部门出错了,领导怪罪下来的时候,你千万不能把责任推到下属的身上,你要勇于承担责任,之后在部门内部分析过错的原因。

6.如果你管理着一个部门,要经常请你的下属去玩儿,要组织他们搞些活动,这样可以加强部门的凝聚力！

7.对自己的下属,要清楚地知道：你的下属是你最好的工作伙伴,不要认为他们是归你"管"的,你们只是合作的关系。当他们做得不对,你要教他们,但是不能帮助做他们的分内事。要经常赞美你的下属,给他们信心！

8.时刻保持精力,如果你生病了状态不好,建议不要上班。

◆积极主动向周围人学习

我们行走在职场上,随时会遇到一些竞争者。面对这些竞争者,我们只有努力超过他们,才能在竞争激烈的职场中生存。那些竞争者是我们前进道路上的动力,因为他们,我们才得以更强。

现代职场中,很多高学历的员工认为自己无所不知,专业知识丰富。可真是这样吗？要知道,文凭只代表你过去的文化程度,文凭的价值往往只体现在保底薪金上,有效期最多也就3个月。你如果想要在优秀的企业中站住脚,就必须从小学生做起,积极主动地向周围的人学习；反之,在竞争激烈的职场中,你将很难有所成就。

拒绝学习,事业迟早会有危机；积极学习,境况可以改观。这样的故事

给企业一个
舍不得你的理由

平淡且常见,这样的故事在现实生活中几乎天天上演。如果你也是其中一员,你是否要努力改变自己,开始积极学习呢?

大学毕业后,王聪在一家信息企业干了两年,自认为在业务与资历方面都有了长足的进展,就不免飘飘然起来,自以为得意。这时他被人事部调到了一个新部门,部门里的一个老同事引起了他的注意。他把老同事当成假想的敌人,以此来刺激自己的战斗力,激活自己的生命潜能。

在他眼里,老同事就是他的竞争对手,企业里多少个有胆、有识、有为的年轻人,都在跟老同事的较量中纷纷落马,摔得鼻青脸肿,夹着尾巴落荒而逃,其中一位还是总经理的博士小舅子。所以当他知道自己要和老同事搭档时,极度自负的他觉得有一种将遇良才、棋逢对手的感觉,大有和老同事一决胜负的勇气。他觉得自己始终占据着各方面的优势,年轻、博学、新潮、反应灵敏,懂电脑、懂英文,这些都是老同事无法具备的;对上会迎合领导,横向擅长人际关系,交友广阔,朋友遍天下,这也是自己的优势所在。"我有什么比不上老同事呢?"他常常这样想。

老同事唯一能炫耀的就是他的经历和经验,据说十几年前他是和企业老板一起创业的,是元老,除此之外,他就没有什么值得炫耀的了。有职场阅历的人都应该明白用新不用旧的道理,旧人对企业了解太多,并且以功臣自居会引起老板的反感,还有,经验不过是过去经过的体验,对现在的新形势新局面不一定适用。

于是王聪决定,第一天上班就给老同事一点颜色看看。他的新部门是企业策划部,在信息企业,这是一个举足轻重的部门,是老总直接领导,也是老板最为重视的一个部门。在讨论企业的一个可行性方案时,其他人无论说什么,王聪都不提支持或者反对意见,只要老同事一开口,他就立即提出反对意见,并罗列出十条八条头头是道的不可能因素,让大家一眼就看出老同事观念之落伍、学识之老化。

第9个理由
竞争力强的员工更容易获得机遇

接下来的几天,他迅速而果断的办事能力,几乎让所有的同事都发现老同事在工作中的弊端。

没过多久,老板就把一件重大的策划方案交给了他,并安排他向老同事多请教,老同事是个行家,一定能给他很大帮助。王聪不仅没有请教老同事,而且没有让老同事参与这项工作,自己想当然地就拿出了方案,结果在实施中惨遭失败,给企业造成了很大的损失。幸亏有老同事出面,提出了解决方案,才给企业扭转了败局。从那以后,董事长、总经理、部门经理对他的态度都发生了转变,不再重用他,并把他调到了一个无关紧要的部门。

人不可貌相,每个竞争对手都有自己的特点及优势,见贤思齐,若不仅不虚心学习他们的长处,还一味攻击他们的短处,迟早会吃亏。

第 10 个理由
感恩是每个员工对企业的一种使命

　　感恩是一种美德,是一种态度,是一种信念,是一种情怀,同时也是人生的一种使命。

　　企业的发展和兴衰,靠的是每一位员工高度的执行力、忠诚度和真诚的感恩情怀。感恩是生命中最珍贵的礼物。感恩,唤醒了内心的驱动力,孕育了敬业精神,工作中任何时刻都应怀着一颗感恩的心,用爱心对待每个人,你就能够出色地做好自己的每一件事。

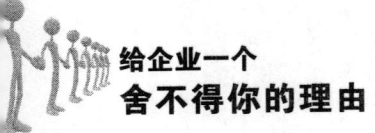

◆感恩工作中的一切悲欢离合

任何事物都是上天赐予我们的礼物,有了这个礼物,我们的生命拥有了一种愉悦的身心体验。我们在生活和工作中遇到的一切悲欢离合,都是上天给我们的独特人生感受,都是值得我们感恩的。

在充满诱惑的职场中,有人利欲熏心,不懂得感恩,只盯着一时的蝇头小利;有人遇到工作中的困难就沮丧逃避;有人为工作中偷奸耍滑而沾沾自喜。

不知道感工作之恩,就不能产生发自内心的责任感,从而不能很好地尽到自己的职业责任,自然也就不可能尽善尽美地完成自己的工作任务。这样一来,也就得不到机遇的垂青,成就不了什么事业,最终也难以享受到工作带来的美好回报,实现不了自己的价值,人生将趋于平庸和暗淡。因此,要想成就自己美好的职场人生,我们需要用感恩的心,让责任成为一种自觉。

曹东是一家精工机械制造厂的技术骨干,他从事该行业已经十余年,技术非常精湛。由于家庭原因,他需要回到几千里之外的老家重新找一份工作,他离开的时候,老板依依不舍,还额外给他发了一笔奖金,以感激他多年来为企业做出的贡献。

曹东到了广东东莞一家很大的工厂去应聘,负责面试的是该企业的技术总监,他对曹东的能力没有任何挑剔,不过他希望曹东提供原先供职的

第10个理由
感恩是每个员工对企业的一种使命

那家工厂的新式汽车散热器的设计图纸，因为他知道那家工厂在这个项目上一直保持同行业的领先水平。

尽管曹东非常希望得到这份待遇不错的工作，但他最后还是决定放弃。他对那位技术总监解释，自己原先所在的工厂给自己提供了工作机会和优厚的薪资待遇，在工作中领导和同事还教会了自己很多东西，自己跟企业之间不能看做简单的雇佣关系，自己对那家企业是很有感情的。

最后，曹东说："虽然我现在离开了那里，但是不能忘恩负义，为了工资待遇出卖原来的企业和老板。"

这位技术总监说，现在都什么年代了，对老板还需要什么感恩之心啊，不都是为了钱吗？一再请他再考虑一下，并保证企业会给他提供很好的待遇，但是曹东不为所动，坚决起身离开了那里。

没想到就在曹东还在回家路上的时候，那位技术总监就给他打来了电话，问他愿不愿意做总监助理，在电话中他是这么说的："你好，其实你当时拒绝我的要求的时候，我就已经决定录用你了。只有懂得感恩的人才能自觉地对企业忠诚、对工作负责，才能忠于职守、尽职尽责。我们企业正需要你这样懂得感恩的人，我们非常期待你的加盟。"

正是靠着这颗感恩之心，曹东得到了这个令很多人羡慕的位置。

美国作家比尔·海贝斯曾说："工作不是一种惩罚，也不是人们经过思考后想干的事。工作是一种神圣的安排，是造物主用快乐和有意义的活动填补人类生命的一种方式。"在职场中我们貌似是在给企业打工，但从根本上来说，我们是为了使自己的生活更富有意义和快乐，是为了实现自己的人生价值，因此，我们要对有工作机会而感恩。

在当今这个竞争激烈的年代，拥有一颗感恩的心可以使人生升值，心态同时也决定了一个人的精神面貌和生活态度。感恩者会充满感激，并会因此而敬业，最终会收获很多；而不懂感恩的人只会得过且过、不思进取，

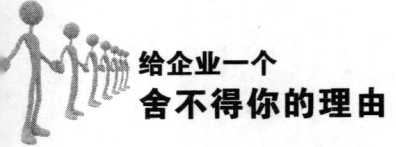

最终吃亏的还是自己。

面对同样的工作,懂得感恩的人会享受到更多的生活乐趣,如果我们把感恩融入所从事的工作,我们的工作责任心就会被点燃,工作的质量也会立即得到改善,就很容易获得工作的成就感和满足感;相反,如果不懂得感恩,就很难对所从事的工作和所在的企业产生认同感和责任感,工作的时候就难以付出满腔的热情和百分之百的努力,工作就很容易引起疲劳感和厌倦情绪,最终做不出卓越的业绩,也就体会不到工作带来的快乐。可以说,懂得感恩和负责是一个人成为优胜者的必备条件。

工作和企业为我们提供了稳定的薪水,解决了衣、食、住、行等生存所需,并让我们在工作中获得成就感和荣誉感,为我们提升个人能力、实现个人价值提供了广阔的舞台,我们有什么理由不对此感恩并珍惜呢?又有什么理由不尽职尽责地去工作呢?

那些不懂得感恩工作的人,不会自发地对工作产生应有的责任感,他们总认为工作是一件出卖劳动力的苦差事,体会不到工作带来的种种好处和乐趣,因此,他们对待工作总是抱着当一天和尚撞一天钟的心态,得过且过、敷衍塞责;相反,那些在工作中怀着感恩之心的人,会珍惜工作这份上天的馈赠,让责任成为一种自觉,用敬业来回报这份工作,尽职尽责地完成自己的任务,并尽情地享受工作中的乐趣,最终会收获感恩带来的硕果。

学会做一个拥有感恩之心的人,这样才能让责任成为一种自觉,在工作中主动乐观、积极进取,用敬业来回报工作,并最终在工作中实现自我价值,成就阳光人生。

第 10 个理由
感恩是每个员工对企业的一种使命

◆报答工作赐予的恩惠

工作是我们施展个人才华的平台,是成就与提升自我的支点。对工作怀有感恩之情,报答工作所赐予的一切,你会发现自己充满活力和激情,你将能更好地表现自己。

一个老乞丐偶然遇到了上帝,他请求上帝满足他三个愿望。上帝是仁慈的,马上就答应了老乞丐的要求。

老乞丐对上帝说自己的第一个愿望是要做有钱人。上帝自然是有求必应,马上就答应了,让乞丐成了有钱人。乞丐又对上帝说希望自己只有20岁。上帝挥了挥手,乞丐就变成了一个20岁的小伙子。

老乞丐高兴极了,接着说出了自己的第三个愿望,"我希望一辈子都不用工作……",结果,老乞丐又变回了又老又脏的形象,他大惑不解,急忙问上帝:"这是为什么?我怎么又一无所有了?"

"即使你再年轻、再有钱,不工作还是会变成乞丐的,还是会一无所有。"上帝说完消失在老乞丐的眼前。

看完上面的这则故事,我们不难领悟到工作对于一个人的价值和意义。"工作不是一种惩罚,也不是人们经过思考后想干的事。工作是上天神圣的安排,是造物主用快乐和有意义的活动填补人类生命的一种方式。"美国作家比尔·海贝斯的这句话或许就是对工作最好的诠释。

工作并不单单是一种与企业的简单雇佣关系,而是我们施展个人才华的平台,成就和提升自己的支点,并让我们在不同程度上获得归属感、成就

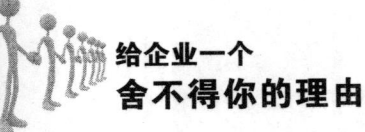

给企业一个
舍不得你的理由

感和荣誉感,所以,我们应该心存感激,好好工作,接受工作的全部,回报企业的"厚爱"。

如果你不懂得感恩工作,总认为工作是一件费心费力、承受压力的苦差事,对待工作缺乏热情,干活的时候敷衍了事,做一天和尚撞一天钟,似乎不懂得工作需要付出,如此工作,必然享受不到工作带来的快乐,更无法得到升职加薪的机会。

因此,你若想争取到被企业倾力扶持的机会,就应该对工作怀有感恩之情,去报答工作所赐予你的一切。你会发现工作充满活力和激情,你将能更好地表现自己,机会总会与你不期而遇,命运之神也会特别关照你。

赵冬和宁彭是大学的同班同学,两个人大学毕业后开始找工作。当时的就业形式非常紧张,普通的工作都十分难找,想找到适合自己的工作就更难了,于是,他们便降低了要求,到一家工厂去应聘。

这家工厂正在招聘的岗位是车间搬运工,问他们愿不愿意干。赵冬略加思索后决定留下来,他认识到这份工作来之不易,要感谢这次学习机会。宁彭对这份工作是十分不屑一顾的,但是因为找不到更好的工作,并且可以和赵冬在一起工作,他也决定留下来了。

宁彭留下来不是出于自愿,因此他工作时就没有什么积极性,上班时懒懒散散,每天搬东西时敷衍了事。这种情况被老板发现了几次,刚开始老板认为他刚从学校毕业,缺乏锻炼,再加上这个工作确实辛苦,就原谅了他,但是宁彭并没有领老板的情,他仍然是每天应付工作。

与宁彭正好相反,赵冬在工作中,抛弃了大学生身份给自己带来的压力,完全把自己当做一名普通的的车间搬运工,在自己的岗位上踏踏实实地工作。赵冬的勤勤恳恳、任劳任怨的表现给老板留下了很好的印象。半年后,老板就安排他给一位高级技工当学徒。

由于赵冬有大学知识基础,加上他的勤奋好学,一年后,他就成为一名

第10个理由
感恩是每个员工对企业的一种使命

技工。赵冬在技工的岗位上仍然保持一贯的工作作风。就这样过了一年,赵冬又成了老板的助理,而此时的宁彭依然做着车间搬运工。

赵冬之所以取得了成功,在于他怀抱着一颗感恩的心去工作,无论是做搬运工,还是做技工,还是做领导的助理,他都会力争把当前岗位上的工作做好。当他尽心尽力地完成属于自己的职责后,新的机会和新的岗位自然就向他走来。

美国总统林肯出身贫寒,有人问他为什么能当上总统,林肯说:"每次获得一次工作的机会,我都会怀着感恩的心情加倍去工作。我能干好每一个我干过的职位,所以我也能干好总统这个职位。"

由此可见,也许每一份工作都无法完全符合你的心意,但每一份工作中都存有许多宝贵的经验和资源。能不能从中获益,取决于你是否对工作怀有一颗感恩的心。

有位清洁工在世界著名的希尔顿饭店工作了将近20年,一直在洗手间做保洁工作。他总是将洗手间打扫得干干净净,甚至自己破费金钱,在洗手间放上一瓶高级香水。客人进来都能闻到一股芳香的味道,对他的良好服务交口称赞。

曾有朋友劝他换份工作,他却骄傲地说:"我为什么要换工作呢?看到客人们对我工作的认可,这就是我最大的幸福了,而且我每天都能认识不同的人,有机会学习不同国家的语言,现在我的朋友遍布五湖四海。"后来,不少客人冲着他专门入住希尔顿,他也因此被提拔为后勤主管。

这位清洁员不仅把清洁洗手间的工作做到最棒,还对这份别人看来很卑微的工作充满热情。由此可见,在这个世界上,没有卑微的工作,任何工作都有它存在的价值。只要我们用一种感恩的眼光去看待工作,总会发现这是启迪智慧的场所,历练能力的机遇。

珍惜工作,对工作怀抱以持之以恒的感恩之情,积极地去营造自己的

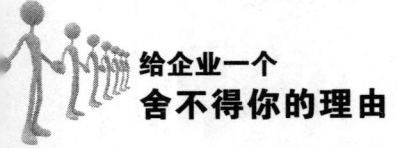

给企业一个
舍不得你的理由

工作,去报答工作所赐予自己的一切,如此,你的工作必然会更愉快,更有效率!你还忧愁不能有所作为,不被企业扶持吗?

◆感谢对手鞭策自己进步

> 不要急于排斥你工作上的竞争对手,而是要善待他们、感谢他们。因为从某种意义上来说,正是他们的存在,推动了你的前进;正是他们的存在,催化了你的成功!

激烈的竞争在现代职场中随处可见,每一个人都难免会遇到对自己构成威胁的对手。工作上你追我赶,利益、荣誉面前你争我抢,此时大多数人内心会对对手产生怨恨、设防、畏惧心理,这是一种狭隘的思维方式。

我们先来看一个这样的故事。

一位动物学家对生活在非洲大草原奥兰治河两岸的羚羊群进行过研究。他发现东岸羚羊的繁殖能力比西岸的强,奔跑速度也不一样,平均每一分钟东岸的羚羊要比西岸的羚羊快 15 米。几经努力,动物学家才明白,东岸的羚羊之所以强健,是因为在它们附近生活着一个狼群;西岸的羚羊之所以弱小,正是因为缺少这么一群天敌。

大自然的法则就是"物竞天择,适者生存",这个法则同样适用于职场。一个人如果没有对手,自己又缺乏上进心,那么他就会甘于平庸,养成惰性,最终庸碌无为。一个企业如果没有了对手,就会丧失竞争的意志,就会因为安于现状而逐步走向衰亡。

没有竞争,就没有发展;没有对手,自己就不会强大。工作上的竞争对

第10个理由
感恩是每个员工对企业的一种使命

手并不是我们的"势不两立"的敌人。别再急于排斥、诅咒他们,应该感谢他们,正是他们的存在,才推动了你的前进;正是他们的存在,才催化了你的成功!

林肯是美国历史上最有影响力、最完美的总统,他能够取得如此伟大的成功,除了自身卓越的管理能力之外,与他重视、欣赏萨蒙·蔡斯这个有力的竞争者也有很大的关系。

1860年林肯当选为总统之后,决定任命参议员萨蒙·蔡斯为财政部长。当他把这一想法告诉参议员们时,引起一片哗然,许多人都表示了强烈的反对。林肯疑惑地问:"萨蒙·蔡斯是一个非常优秀的人,你们为什么反对他成为我们之中的一员呢?"

参议员们的回答是:"萨蒙·蔡斯是一个狂妄自大的家伙,他狂热地追求最高上司权,一心想入主白宫,而且,私底下里他甚至认为自己要比你伟大得多。"

林肯笑着问道,"哦,那你们还知道有谁认为自己比我要伟大吗?"

这些人不知道林肯为什么要这样问。

林肯解释说:"如果你们知道,有谁认为他比我伟大,你们要及时告诉我,因为我想把他们全都收入我的内阁。"

最后,林肯还是任命萨蒙·蔡斯为财政部部长。事实证明,蔡斯是一个大能人,在财政预算与宏观调控方面很有一套,但是,对权力的崇拜使他对林肯一直很不满,并时刻准备着把林肯"挤"下台。

林肯的朋友都劝说林肯免去蔡斯的职务,但林肯笑了笑,表示自己对蔡斯满怀感激之情,是不可能罢免他的。朋友们对这样的说法难以理解,林肯就讲了这样一个故事:

"有一次,我和我兄弟在肯塔基老家犁玉米地,我吆马,他扶犁。这匹马很懒,但有一段时间它却在地里跑得飞快,连我这双长腿都差点跟不上。到

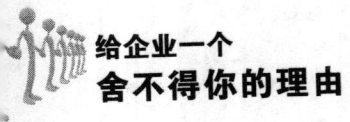

给企业一个
舍不得你的理由

了地头,我发现有一只很大的马蝇叮在它身上,我随手就把马蝇打落了。我兄弟问我为什么要打落它,我说我不忍心看着这匹马那样被咬。我兄弟说正是这家伙才使马跑得快。"

然后,林肯意味深长地说:"现在有一只叫'总统欲'的马蝇正叮着我,我会时刻提醒自己不能松懈,要不断地向前跑,努力做好自己的工作。否则,我就会被别人所替代!这也正是我能做好工作的主要原因。"

由此可见,对手所给予我们的,不仅仅是危机和斗争,同时还能激发我们求生和求胜之心的动力,犹如一剂强心针、一部推进器、一个加力挡。有人帮助我们进步和成长,当然要感恩他。

由于有强劲的竞争对手而催生的国际名牌不在少数。

奔驰与宝马均为德国汽车品牌。有一年,一个记者问宝马的老总:"宝马车为什么能够持续取得进步呢?"宝马老总回答说:"感谢奔驰,他们将我们撵得太紧了。"记者转问奔驰老总同一个问题,奔驰老总回答说:"因为宝马跑得太快了,感谢宝马。"奔驰与宝马的竞争结果是,两家企业都成为一流名牌,风靡世界。

美国的情况也是这样,比如百事可乐诞生以后,可口可乐的销售量不但没有下降,反而大幅度增长,这是由于这种竞争迫使它们不断发展,并最终共同走出美国、走向世界,成为风靡世界的饮料品牌。

无论是德国奔驰和宝马,还是美国的百事可乐和可口可乐,这些企业的领导和员工均没有急于排斥对手,而是善待对手、感谢对手,正是因为此,他们自身不断成长和强大,赢得了良好口碑。

需要注意的是,当你以正面竞争的态度迎接竞争对手的挑战时,既要有赢的信心,也要有输的准备。职场成败是很正常的事,不必气馁。承认并能够承受别人比你强,继而发愤图强,不断提高和完善自己,这才是一个成熟负责的职业人所应该具备的素质。

第 10 个理由
感恩是每个员工对企业的一种使命

◆怀着感恩之心替企业考虑

当你怀着感恩之心,多替企业着想时,这对企业来说是一种认同和支持,同时也是一种激励,它会以具体的方式来表达它的感激,也许是更多的工资,也许是更多的信任,或者是更高的职位。

很多人认为,员工与企业之间只是一种纯粹的商业交换关系,我们为企业工作,企业给我们工资,这一切都是理所当然的,没有必要也没有理由感恩于企业。

于是,在现实中我们常常看到这样的现象:员工抱怨领导不近人情、太过苛刻,自己总是对企业有这样那样的不满意和不理解,对企业牢骚满腹、指责不止。

殊不知,感恩或是不感恩,对员工能否对自己的工作尽职尽责有着非常重要的影响。时时懂得对企业心存感恩的人,总是能够在企业那里获得更多的信任、更多的工资,或者是更高的职位。

要想懂得如何感恩企业,就必须正确看待你和企业之间的关系。诚然,从商业的角度来说,企业和员工之间的雇佣和被雇佣是一种契约,即商业交换关系,但在这种契约关系背后,是一种合作共赢关系。

虽然企业靠你的工作使企业正常运转经营,赚取利润,但是静下心来想想,企业给你提供了工作机会,不仅付给你薪水,而且还给你提供了学习、发展的平台和机会,使你学会了很多在知识和技能……除了父母之外,

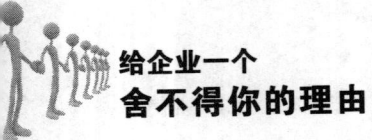

给企业一个舍不得你的理由

没有人能够拿钱让你去学习,难道你不应该感恩企业吗?

我们知道,企业是以获得利润为经营目标的,企业出于对企业发展的考虑,会督促员工们充分地发挥自己的聪明才智,并且全力以赴地对企业做贡献。换做你是领导也不例外,如此,你就不难理解企业所谓的"不近人情"和"苛刻"了。正如一位当了领导的员工在回忆时所说的:"过去我曾经为他人工作,现在则为自己工作。以前总是认为企业太苛刻,现在却觉得员工太懒惰,太缺乏主动性。其实,什么都没有改变,只是自己的立场改变了罢了。"

学会感恩企业吧,感谢他给你工作,感谢他的培养,感谢他的提拔。

当你怀着感恩之心,多替企业着想时,你身上就会散发出一种善意,影响和感染到企业,这对企业来说是一种认同和支持,同时也是一种激励,他会以具体的方式来表达他的感激,也许是更多的工资,也许是更多的信任,或者是更高的职位。

苏菲和莉娜是一家企业的销售员,两人每天都在外面忙着找客户,别说吃饭,有时连水都顾不上喝。为此,苏菲常常愤愤不平地抱怨:"老板每天都坐在办公室里,既舒服又安逸,每月挣那么多钱。咱们每天累死累活的,他才给那么几个钱,这真不公平。"

"其实,老板也和我们一样在工作,而且他更不容易。"莉娜平静地说,"你想啊,现在竞争这么激烈,老板要想着企业的未来规划,要想着怎么和其他企业谈判,怎么安排员工,他比咱们压力大多了。"

苏菲不以为然地说:"你真是傻,只会为老板想,不知道为自己想一想。"

"不,我们不只要为老板想,还要感恩老板。"莉娜认真地说道,"不说别的,就这他给了我们工作,我们就应该感恩他。"

不久,企业遭遇了一场突如其来的经济危机。一向对老板不满的苏菲不想和老板一起"死",便趁机离开了企业。懂得感恩的莉娜则留了下来,工

第10个理由
感恩是每个员工对企业的一种使命

作比以前还努力。

几个月后,这家企业走出了危机。莉娜立即得到了老板的重用,成为了销售部经理,薪水比以前翻了好几倍;总是把老板放在自己对立面、不懂感恩的苏菲仍然辗转于各招聘会和面试之间。

有些人之所以不感恩企业,甚至刻意地疏远企业,是惧怕他人的流言飞语。其实,没有这种担心的必要。感恩不是溜须拍马和阿谀奉承,而是发自内心的感激,尽职尽责地对待工作,充分地发挥聪明才智,将工作做到尽善尽美,为企业的兴旺发达贡献自己的力量。

值得一提的是,当你的努力和感恩并没有得到相应的回报,当你受到了企业不公平的待遇,当你准备辞职调换一份工作时,同样也要对企业心怀感激之心,因为从事过的工作已经给了你许多宝贵的经验与教训。

露茜是一家广告企业的新策划,她年轻漂亮,活泼开朗,做起工作来又积极认真,不幸的是她遇到了一个小肚鸡肠的老板。上次过生日露茜请同事们吃饭,没有叫老板,老板不高兴了,后来总是处处刁难她。

就说这一次吧,老板让露茜写出一份广告策划来,却什么客户资料也没有提供。露茜已经感觉到这是老板对自己的一种刁难,非常恼火,甚至想到了放弃这份工作。不过,很快她又想:"这个工作任务很难,我要感谢老板给了我锻炼自己的机会。"想到这里,露茜开始马不停蹄地搜集整理、调查分析客户产品的详细资料,认真地请教有经验的同事们等。苦战了整整两天后,露茜终于写好了策划方案。先得到了组长的肯定后,露茜才向老板上交了任务。

老板审阅完策划后,惊诧露茜与众不同的创意、缜密的思维,可仍旧东涂西抹,不留情面,并严厉地要求露茜要再认真修改一遍。露茜虽有些委屈,但没说什么,依然很谦虚地感谢老板的指点。这前前后后一共修改了三遍,老板自己也过意不去了,这才罢休。

给企业一个舍不得你的理由

一段时间后,露茜想辞职了,因为有一家大型企业很赏识自己,而且有更大的发展空间。露茜按照企业规矩办妥交接手续后,特意感谢老板对自己的知遇之恩和提携之情,并谦虚地承认自己跳槽给企业造成的影响,请求老板的原谅。

老板知道露茜去意已决,很后悔自己以前的行径,他主动为露茜写了一封推荐书,送她出门时特意叮嘱说:"以后有什么需要尽管来找我。"新企业人才辈出,竞争压力很大,露茜说:"当我遭遇工作上的'瓶颈'时,是我之前服务过的老板伸了援手帮我渡过了难关。"现在,露茜已经是企业策划部经理,工作如鱼得水。

要知道,企业老板也不是尽善尽美的,他也是普通人,有自己的喜怒哀乐,有自己的缺点。就算老板批评、刁难你,你也不必抱怨,同样心怀感激之情吧!感谢他给予你学习经验、提高能力的好机会,最终你会发现,这种知恩图报的回报大大超出了你的想象。

◆同事之间,多一份感激就多一份力量

同事之间是合作共赢的关系,我们所开展的每一项工作都离不开同事。当同事提供帮助和支持时,请不要吝啬一句简单的"谢谢",真心诚意地表达对同事的感激之情。

在工作中,不少人常常为陌路人的点滴帮助而感激不尽,却无视朝夕相处的同事们的种种恩惠,把同事们对自己的支持与付出视为理所当然,不仅不知道说"谢谢",甚至有时还满腹牢骚,抱怨不止,埋怨同事们支持自

第10个理由
感恩是每个员工对企业的一种使命

己的力度不够。

说到底,这是因为同事之间存在一定的利益冲突,但是你想过没有,同事之间也是合作共赢的关系,我们所开展的每一项工作都离不开同事。假如没有他们的合作,我们的工作就不能顺利开展,甚至会使我们在企业里陷入孤立状态,自然也不会在职场上走得更远。

在美丽的海岸线上,有几只螃蟹从海里游到了岸边。其中一只也许是想到岸上接触一下水族以外的世界,于是它努力地往堤岸上爬,可是,无论它怎样执著努力,也始终爬不到岸上。不是因为这只螃蟹选择的路线不对,也不是因为它行动迟缓,而是它的同伴们不希望它爬上去。每当那只螃蟹爬离水面,就要上岸的时候,其他的螃蟹就会劝说它并拖住它的后腿,把它重新拉回到海里。

这是发生在自然界的真实的现象,我们从中可以看出同伴对一个人职业生涯的深刻影响,不妨引以为戒。

一个心怀感恩的人,对同事一点一滴的帮助都会铭记在心,总会真心实意地说句"谢谢",及时地表达自己的感激之情。这对同事来说是一种认同和支持,同时也是一种激励。如此,工作气氛就会很融洽,他也会从中得到更多的快乐和成长。

在工作中,当你得到来自同事的帮助和支持时,你说"谢谢"了吗?也许你会不以为然地说,说"谢谢"有那么重要吗?难道不重要吗?我们不妨先来看一个小故事。

一只蚂蚁想要搬家,它想来想去,决定到小河对岸的一片草地上建立新的家庭。但是由于河上没有桥,蚂蚁不知道自己怎么才能到对岸。

正在为难之际,河边柳树上飘下一片干枯的柳树,刚好落在河水边,蚂蚁赶快爬了上去,随着柳叶到了河对岸。蚂蚁满怀感激地对柳叶说:"柳叶,谢谢你!"

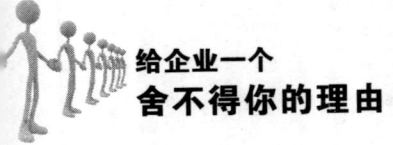

给企业一个
舍不得你的理由

在寻找新家的途中,由于粒米未进,蚂蚁感到又渴又饿。这时,一只小蜜蜂送给蚂蚁一滴蜂蜜。蚂蚁吃完蜂蜜后,真诚地对蜜蜂说了一声"谢谢"。

由于一时未找到理想的安身之地,夜晚来临时,这只蚂蚁被冻得瑟瑟发抖。这时,一条蚯蚓见了,忙热情地邀请蚂蚁到它的洞里过夜。蚂蚁欣然同意了,并真诚地向蚯蚓表示了谢意。

两个过路的蚂蚁见了,纷纷感叹:"这只蚂蚁的运气真好,处处都能得到帮助。"

"这只蚂蚁之所以走到哪里都能受到欢迎,并得到人们的真心帮助。不是因为它的运气好,而是因为它常把'谢谢'挂在嘴边。"飞过的一只小鸟说。

所以,我们每个员工都应该学会感恩自己的同事,虽然同事帮助你并不是为了得到"谢谢"这两个字,但若是你真心诚意地说出这两个字的话,对方还是很受用的。如果你连这两个最简单的字都不愿说出口,别人怎么会知道你的感激之情呢?

抛开合作共赢的关系,朝夕相处的同事之间也有一份亲情和友谊。每天24小时,除去睡眠,我们生命中的大多数时间都是和同事一起度过的。因此,我们更应该心怀感恩,感谢同事们的支持和帮助,用充满善意的心灵去对待周围的人。

晓彤从毕业参加工作到现在,短短几年之间已经从一个"卖花女"变成了"花女郎",高居一家鲜花经销店的销售组长,因此不少人纷纷感叹:"晓彤的运气真好。"不过,晓彤明白这不是运气,而是自己多说了几句"谢谢"。

初到北京的晓彤就进入了一家鲜花经销店,人生地不熟,对鲜花行业以前从未接触过,不会识别品种、不懂养护,更别说进货了,因此晓彤的工作可谓举步维艰,吃了很多的苦头。

为了尽快了解鲜花行业,晓彤经常请教同事们,每当对方耐心认真地提供帮助时,她总会微笑着说句"谢谢",偶尔还送一些可口的小食品给对

第 10 个理由
感恩是每个员工对企业的一种使命

方,以表感激之情。渐渐地,大家都喜欢上这位亲切的小姑娘,更愿意尽其所能提供帮助,从如何识别花名,如何养护鲜花……晓彤学到了很多必须掌握的行业知识和技能,每天都能看到自己的进步。

现在,晓彤已经完全胜任了工作,并且游刃有余。在外工作没有亲人的陪伴,她与同事们成了最亲密的人。大家朝夕相处,一起工作,一起休息,一起进餐,虽然偶尔也会闹一些不愉快,但很快就会烟消云散。

在工作中,当我们遇到一些棘手的问题,同事的帮助和支持会像一滴甘露洒入我们的心间,让我们振奋起精神,勇敢迎接困难的挑战,从而使自己激发出更多的智慧和更大的力量,获得成长和进步。

所以,当同事们给你提供帮助时,请不要吝啬一句简单的"谢谢"。与此同时,我们还应该尽自己所能去帮助同事,这样才可能得到同事源源不断的关心和帮助。大家共同努力,一定可以共享丰收的硕果。

◆感恩客户,构建过硬的个人品牌

只有抱着一颗感恩之心,我们才能乐于听取客户的抱怨和选择,进而发现工作中的问题,积极努力地完善自己的工作!如此坚持,就能构建出过硬的个人品牌,这样的人才自然会得到企业的倾力扶持。

人们常说,"顾客是上帝"、"顾客永远是对的"等,这都说明客户对我们的重要性。在工作中,我们只有满足了客户的要求,客户才可能会选择我们的产品和服务,我们的薪水才有保障,才会取得个人的发展和进步。客户的支持和选择,昭示着我们已经获得了成功;客户的批评和抱怨,则表明客户

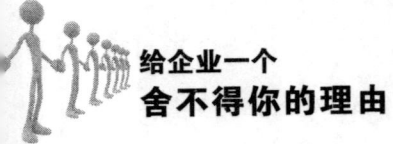

给企业一个舍不得你的理由

对企业和我们抱有一些关注，这是客户在帮你鞭策自己，把工作做得更出色。因此，无论客户对我们做了什么，我们都有足够的理由去感谢他们。

美国独立企业联盟主席杰克·法里斯曾对人说起少年时的一段经历。

13岁起，杰克·弗雷斯开始在他父母的加油站工作。弗雷斯一心想学修车，但父亲却让他在前台接待顾客。每次有汽车开进来时，他必须在车子停稳前就站到司机门前，然后去检查油量、蓄电池、传动带、胶皮管和水箱。

刚开始，弗雷斯觉得这样的工作很没有意思，但他很快注意到，如果他干得好的话，顾客大多还会再来，于是他总是努力地想多干一些，帮助顾客擦去车身、挡风玻璃和车灯上的污渍。

一段时间，每周都有一位老太太开着她的车来加油站清洗和打蜡，弗雷斯觉得这位老太太极难打交道，因为她的车内踏板凹陷得很深，很难打扫。每次弗雷斯把车清洗好后，老太太总会让弗雷斯重新打扫，直到清除掉每一缕棉绒和灰尘，她才满意。

有一次，这位老太太又指着车内踏板的灰尘，指责弗雷斯工作不认真。弗雷斯忍无可忍，他实在是不愿意再侍候这样一个难缠的顾客了，但是，父亲告诫他说："孩子，不管顾客说什么或做什么，你都要以应有的礼貌去对待他，并努力做好你的工作。要知道，一些难缠的顾客，往往是指引你不断进步的上帝。"

父亲的话让弗雷斯深受震动，多年以后弗雷斯成为了美国独立企业联盟主席。在就职演讲中，弗雷斯说："多年来，我从来没有忘记过父亲的话，是他让我懂得了严格的职业道德和感激每一个顾客的道理。这些在我的职业生涯中起到了非常重要的作用。"

杰克·法里斯的故事告诉我们这样一个道理：客户的抱怨和选择就是帮助我们改进工作最好的建议。只有善于听取客户抱怨和选择，我们才有可能发现工作中存在的不足，进而有针对性地完善自己的工作，将自己打造成一个优秀的职场人!

因此,面对顾客的抱怨和选择时,你要站在客观的立场上,多问问自己:"我做得怎么样?"这不仅仅是一种对客户感恩的表现,同时也可以使我们自己得到不断的提高,构建出过硬的个人品牌,这样的人才自然会得到企业的倾力扶持。可见,感恩客户,这是一种双赢的策略。

懂得感恩,就要付诸实际行动。如果我们每天都能带着一颗感恩的心去面对客户,那么我们在工作时的心情也一定是积极而愉快的。带着这样的心情投入工作,以不断满足客户满意度为己任,最终我们一定会取得成功。

感恩吧,感恩客户的抱怨和选择!只要我们懂得对客户感恩,并且知道如何让客户满意和惊喜,如何赢得客户的信任与支持,那么,无论我们从事什么样的行业,无论做什么样的工作,都能获得企业的倾力扶持,取得事业上的成功对我们来说都只是时间上的问题。

◆挫折让你完成自我蜕变

每一次的挫折都是一个很好的认识自我、完善自我、提高自我、展示自我的机会。只有正确对待挫折,你才能真正挣脱挫折的困境,完成一次次难得的自我蜕变,进而赢得更多的成功机会。

一个人在职场中打拼,难免会遭受挫折,甚至失败。比如,你的想法得不到上司的支持;企业里其他人阻挠你的工作;你提出的建议总是遭到白眼;想谋求某个职位却屡屡得不到……这时候,你是不是会感到郁闷、烦

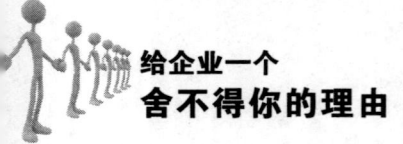

给企业一个
舍不得你的理由

躁、灰心丧气,甚至一蹶不振?

挫折虽然会让人产生痛苦心理,但是如果你想在企业有一番作为,想在事业上有所作为,那么请你千万不要有以上各种情绪,而是要学会感谢出现的每一次的挫折,因为挫折能使人受到磨炼和考验,变得坚强起来。

正如法国文学家巴尔扎克所说的这句名言:"世界上的事情永远不是绝对的,结果完全因人而异。苦难对于天才是一块垫脚石……对于能干的人是一笔财富,对弱者是一个万丈深渊。"

这里有一个小故事。

一天,农夫的一头驴掉进一口枯井里,农夫想救出驴绞尽了脑汁。但几个小时过去了,驴子还在井里痛苦地哀嚎着。

最后,这位农夫决定放弃,他想这头驴子年纪大了,不值得大费周折去把它救出来,不过无论如何,这口井还是得填起来,免得别人再掉进去。于是农夫便请来左邻右舍帮忙,农夫和邻居们人手一把铲子,开始将泥土铲进枯井中……

当这头驴子了解到自己的处境时,刚开始哭得很凄惨。但出人意料的是,一会儿之后这头驴子就安静下来了。农夫好奇地探头往井底一看,眼前的景象令他大吃一惊。当铲进井里的泥土落在驴子的背部时,驴子的反应令人称奇,它将泥土抖落在一旁,然后站到铲进的泥土堆上面。

农夫高兴极了,加快了填土速度。就这样,驴子将大家铲倒在它身上的泥土全数抖落在井底,然后再站上去,很快,这只驴子便得意地上升到了井口,然后在众人惊讶的表情中快步地跑开了!

在工作中,有时我们会像故事中的驴子那样陷入"枯井"中,种种挫折像"泥沙"一样加在我们身上。此时痛苦地哀号并不管用,想要从这口"枯井"脱困,秘诀就是锲而不舍地将"泥沙"抖落掉,把它们当做垫脚石,然后站上去!即使是掉落到最深的井,我们也可安然脱困。

第10个理由
感恩是每个员工对企业的一种使命

真正能检验一个人能力素质的便是挫折,看挫折能否唤起他更多的勇气;看挫折能否使他更加努力;看挫折能否使他发现新力量,挖掘潜力;看他遭受挫折以后是更加坚强了,还是就此心灰意冷。

一家大企业要招聘5名职员。经过一段时间的面试、笔试,企业从众多名应聘者中选出了5名佼佼者。发榜这天,一个青年见榜上没有自己的名字,悲恸欲绝,回到家中便要服药自尽,幸好亲人及时发现将他救下。

正当青年悲伤之时,突然又得知自己被那家企业录用了。原来,青年面试、笔试的成绩均名列前茅,只是由于那家企业的一台计算机出现了错误,使他的总分成绩减少了30分,才导致落选。

青年大喜过望,但是正当他欣喜地准备正式上班之时,企业又传来消息:他被企业除了名。原因很简单,企业的老板认为:"如此小的挫折都经受不了,这样的人肯定在企业里干不成什么大事。"

的确,世界上没有一帆风顺的事情,工作也是一样,难免会出现各种不如意。一个害怕挫折的人,怎么能担当工作重任呢?又怎么能在职场上取得成功呢?得到企业的倾力扶持就更谈不上了。

因此,挫折来临时,郁闷、烦躁、灰心丧气、一蹶不振等统统都是没有用的;本着对工作负责的态度勇敢地承担起责任,这才是积极的对策。而挫折恰恰正表明了你自身存在着专业水平、技能水平低于职业岗位要求的能力素质问题,这是很好的挑战自我、完善自我、提高自我的机会,你感谢都来不及,哪有什么理由痛苦呢?

在挫折中成长和改善,这是一种能力!许多成功人士都是抱着感恩的心态,积极面对一个又一个的挫折,不断地总结失败的教训,不断完善和提高自己,进而完成一次次难得的自我蜕变,最终才获得了成功的。

挫折没有什么大不了,不过是一次免费学习的机会。当遭遇挫折时,你要怀着一颗感恩之心,多问问自己"我还有哪些不足""我能够从这次挫折

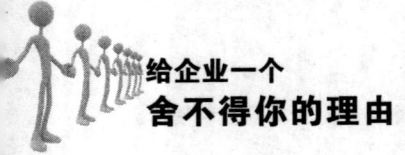

给企业一个
舍不得你的理由

中学到什么""我应该如何做才能将损失降到最低"。

感谢挫折吧,运用自己的智慧和力量与之抗争,让它磨炼你的技巧,提高你的勇气,考验你的耐心,培养你的能力。相信你将完成一次次珍贵的自我蜕变,变得越来越优秀,承担起更多的责任,进而赢得更多的成功机会。